U0428482

2018 China Interior Design Annual

2018 中国室内设计年鉴（2）

陈卫新／主编

辽宁科学技术出版社

·沈阳·

海派艺术家居
A-Zenith
A-Zenith
A-Zenith

© 2018 www.az.com.cn

目录

地产

REAL ESTATE

武汉东原售楼处	006
美的时代城售楼处	010
绿地水悦堂展示中心	014
上海央玺销售中心	018
青岛青铁华润售楼处	022
光之殿堂 · 上和郡售楼处	026
华润 · 琨瑜府售楼处	030
茅山雅居乐 · 山湖城售楼处	034
粮仓 X 号复活记	038
阳光城檀悦售楼处	044
杭州壹号院售楼中心	048
实地海棠雅著	052
万科大家售楼处	056
天合名门营销中心	060
成都海泉湾展示中心	064
中粮祥云墅售楼处	068
星宿城市公寓售楼处	072
MOC 芯城汇展示中心	076
扬州瘦西湖售楼中心	080
宜昌国际广场销售中心	084
佛山凤起兰庭售楼处	088
深圳中洲湾体验馆	092
兴邦中央公园营销中心	098
苏州世茂铜雀台售楼处	102
万科北河沿甲柒拾柒号院样板房	106
九唐酌月样板房	112
梵天梵悦万国府 A 户型样板房	116
华夏天璟湾别墅样板房	120
金地团泊湖镇项目示范区联排	124
云端总裁公馆	128
三亚海棠华著别墅样板间	134
贵阳保利三千郡——罗绮香	138
华皓亚龙府王府合院	142
西安华海别墅样板房	148
万科玖西堂叠拼样板间	152
三亚万科别墅样板房	156
保利阳江北洛湾别墅 C1 户型样板房	162

住宅

HOME

无界之居旧房改造 166
建筑师自宅 172
一个白色房子，一个生长的家 178
界 182
画框里孔雀 186
郁金花园 190
平江路老宅改造项目 194
重构 29 平方米 198
维拉小镇：我的风旅草 202
青岛湾海墅 206
廖宅 210

会所

CLUB

慧舍 214
时代天荟会所 218
中南樾府会所 224
管宅 228
沪上会馆 232
正荣 · 滨江云璟 236
五云谿 242
冬去春来会所 246
百晟花园会所 250
8C 生活美学馆 254
东方花园别墅会所 258

娱乐休闲

ENTERTAINMENT LEISURE

田水月——深圳东西茶室 262
桃花源 266
奈尔宝家庭中心 270
重庆凛然酒吧 274
CLUB SIR.TEEN 拾叁先生 278
道明竹里 文创禅院 282
反多米诺 02 号 - 木山 286
南京华侨城旅客接待中心 290
壘 + 公寓 294
阿那亚咖啡厅 298
瓦库 17 号 302
AOYAMA 美容中心 306
奢野一宅 310
知丘茶食山房 314
蓝城 · 听蓝茶空间 318

CONTENTS

武汉东原售楼处

WUHAN DONGYUAN SALES OFFICE

设计单位：达观国际设计事务所
设 计 师：凌子达、杨家瑀
建筑面积：1700 ㎡
主要材料：科学硅酸钙板、不锈钢、薰衣草大理石
坐落地点：湖北武汉
完成时间：2017 年 8 月

这是一个展示及销售空间，我们参与了建筑、室内设计、软装工程及景观方案设计，希望把室内、建筑、景观整合成一体化方式去形成一个艺术馆式的展示体验空间。水是本案主题，建筑设计以通透的意念来传达水和建筑、水和自然的关系。

在建筑外立面设计了一个光的水幕墙，来呼应“水”的主题。光的水幕墙是由 LED 灯组成，灯带跑动后形成水幕的效果，倒映于水面，与水池相交相辉映。水幕墙有两个面，对外形成建筑的一个立面，同时也

1: 水和建筑相融
2: 入口侧面如同折纸
3:16 米高入口

1 | 3
2 | 4

1: 中庭景观
2: 过道
3: 沙盘模型区
4: 洽谈区

是室内的一个背景墙。建筑前方置入了一个非常大的景观水池，整个建筑如同漂浮在水面上。一个约 50 米走道切开水面连接了售楼处入口，由此缓缓进入室内。进入室内前通过一个由轻薄石材墙面组成的 16 米高的入口，空间高耸远观侧面如同折纸。从外部开阔的空间进入压缩的入口通道后再进入开阔的室内，形成了有缩有放的空间律动，整个过程充满了仪式感。室内展示区和洽谈区运用了具有几何感立体格栅构成了墙面进行空间隔断。洽谈区旁边是由连续的玻璃墙面环绕水池而成的中庭景观，成为了室内的一个景观点。

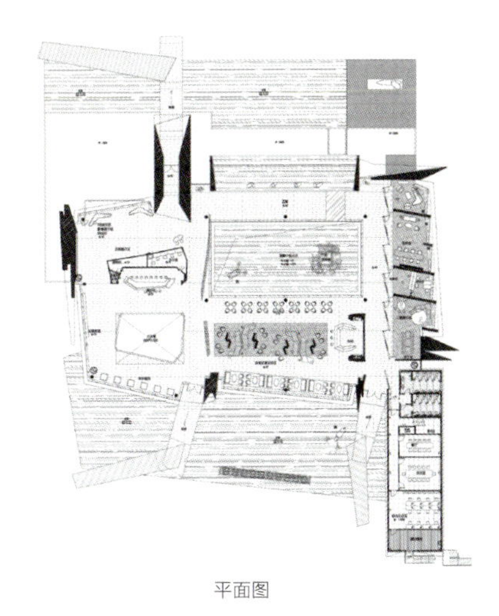

平面图

美的时代城售楼处

MIDEA TIMES CITY SALES OFFICE

设计单位：一然设计
设 计 师：杨星滨
建筑面积：1500 ㎡
坐落地点：辽宁沈阳
完成时间：2017 年 5 月
摄　　影：盛鹏

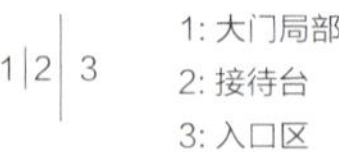

1: 大门局部
2: 接待台
3: 入口区

这是一处 3 小时成交 4 个亿的楼盘，设计师为它设置的剧本是浪漫的：在一处像极了“家”的房子里，售楼处被称为会客厅，主人热情好客，喜欢马卡龙及星座传说，她与到访客人或天马行空，或静视人来人往，和音乐相伴，倾听每个故事。

住在会客厅的喵小姐与思先生，无疑都是懂得爱、懂得享受爱的人，喵小姐把马卡龙变成沙发，海豚变成椅子，大盒子变成一个个书房。思先生静静看着客厅里人来人往，听着曼妙的音乐，看着每个过客留下的故事，化作一颗颗星星点缀着客厅的上空。这个浪漫的剧本不只是一个设计，更触动了很多人内心的梦幻情怀。十米高的沙盘区，设计师给了一个盒子概念，10 米高书架以楼群剪影为城市背景，大空间概念下，开合之间，大光倾泻，做了梦幻空间的导入，简单纯粹。

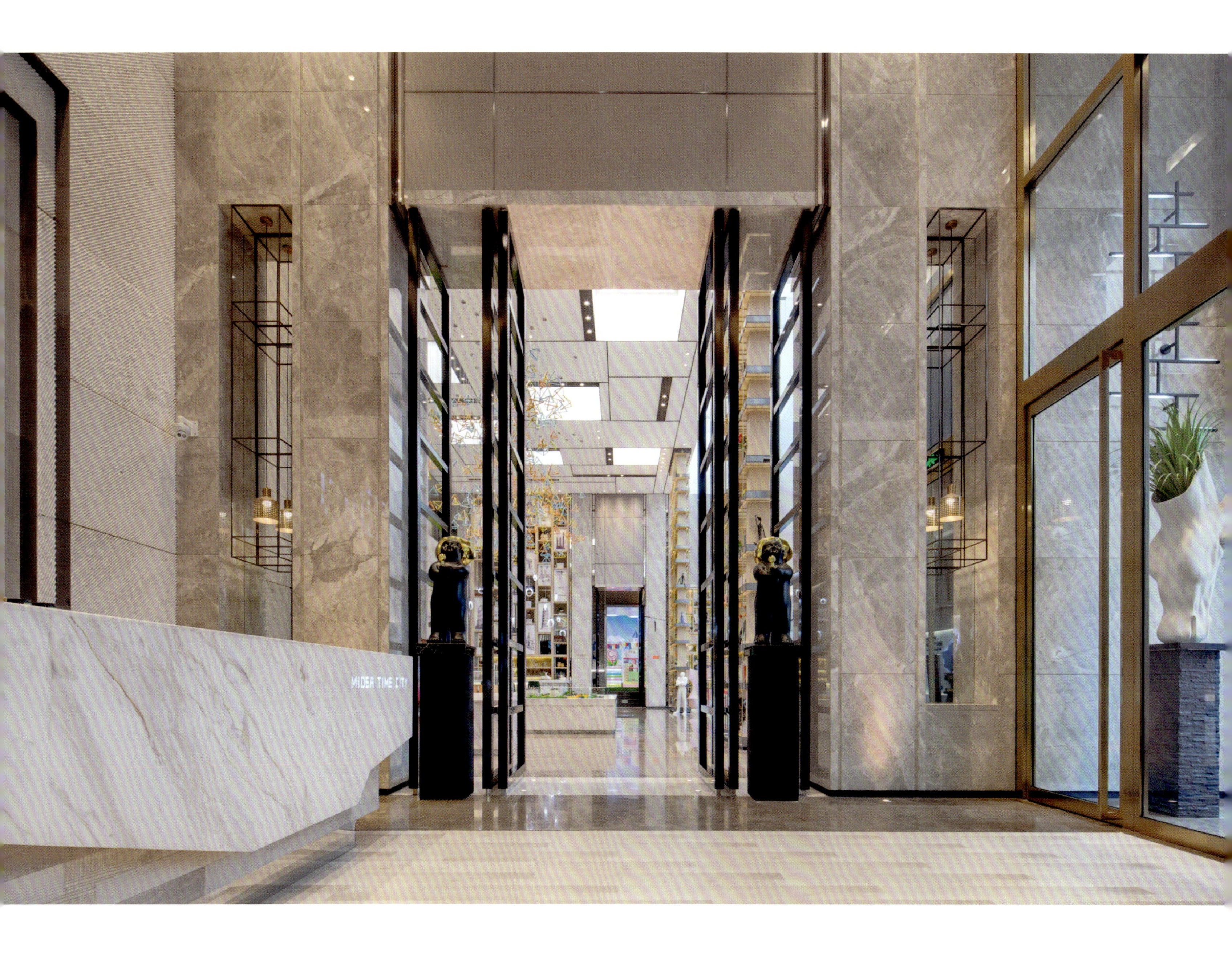

售楼处主体的动线采用模糊手法，通过地面材质切换和极具张力的家具组合去界定空间。设计师亲手制做的气球装置寓意“思想者”，取其“观、思、达”的内在含义，与艺术家周卫东的雕塑作品“头文字像”，是这里最显眼的存在，仿佛向人们娓娓道来因时间而遗留的珍贵；无论肤色、不管种族，五千年的文化沉淀，可以包容所有的因果嬗变。

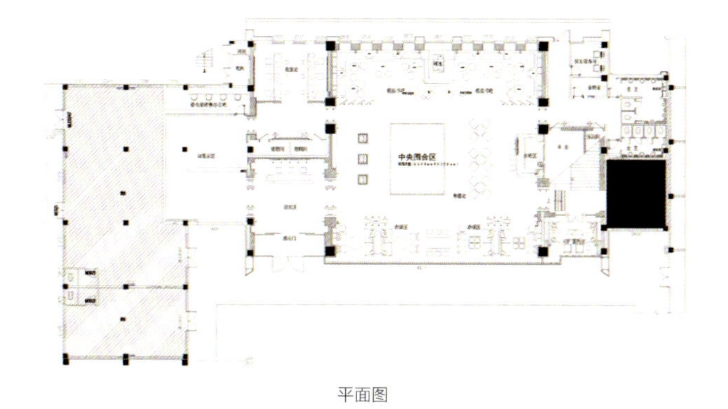

平面图

1	4
2 | 3	5

1: 沙盘区
2: 会客厅细节
3: 局部
4: 会客厅艺术装置
5: 会客厅

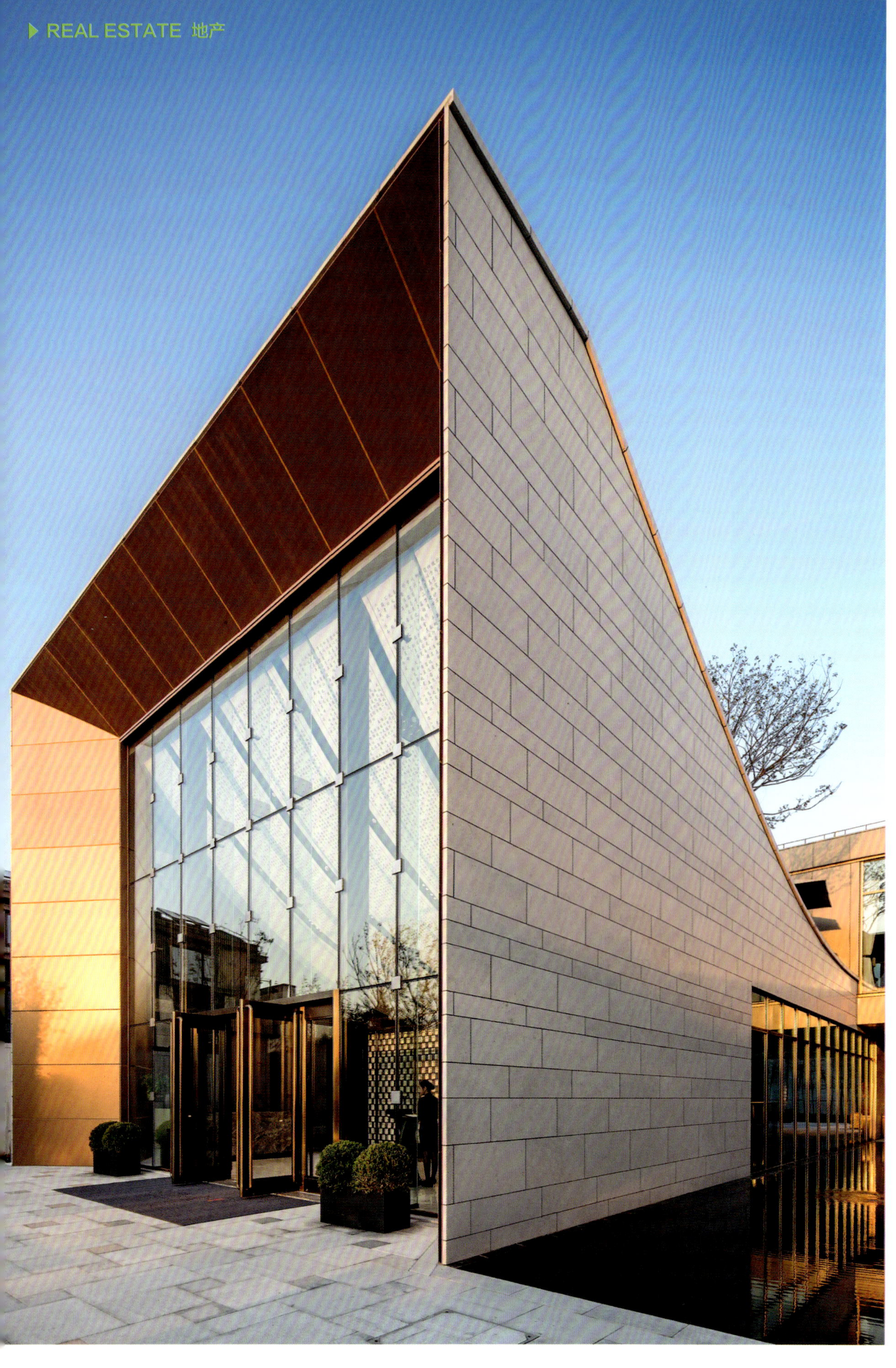

1 | 2
 | 3

1: 外立面
2: 建筑外观
3: 餐厅包厢

绿地水悦堂展示中心

LVDI SHUIYUETANG SHOWROOM

设计单位：上海飞视装饰设计工程有限公司
主创设计：张力
参与设计：金星、戈朝俊、王家健
建筑面积：1900 ㎡
主要材料：香槟金发纹拉丝不锈钢、爵士白大理石、木饰面
坐落地点：上海
摄　　影：张嗣烨

本案坐落于上海青浦区，其境域之内溪山清远，三泖九峰环绕其间；小桥流水，古镇人家错落有致，宛如一幅水墨卷轴。青浦更是上海文化的源头，崧泽文明开辟了史前文明的新篇章，其智慧之举措，孕育了六千年海上文化之魂。为了将文化、建筑、室内三者更好地完美融合，设计师张力先生翻阅了大量的青浦前贤著作经眼录与相关文化丛书。将文人的书法笔墨挥洒于纸上，尽显大家风范，细细品味，方能感受到书法带来的美与震撼。这不禁让我们想到青浦文人们，想到他们对艺术、对人生的感悟，想到他们对书法如此执着的态度，设计师心中似乎也有了答案。

通过简洁的形体和材料语言，将传统元素融入到当代中，演绎出极具现代感的精髓大气。将自然之美与人文之美完全融合，化繁为简，契合中式含蓄内秀的设计精髓，空间结构与比例拿捏严谨，借助利落线条及石材、木材的搭配运用，呈现视线交织的美感。洽谈区与 VIP 空间内，木竹纹理的屏风隔断，将东方传统的写意山水手法贯穿始终。倚靠大自然礼赞的秀色风景，软装采用写意的黑白灰色系的色彩及材质，呈现出本质纯粹的空间氛围，每一个场景设定都凸显细节品质与对体验者行为及情感的关照。

1	4
2 3	5

1: 沙盘区
2: 接待大厅
3: 局部
4: 茶区
5: 贵宾室

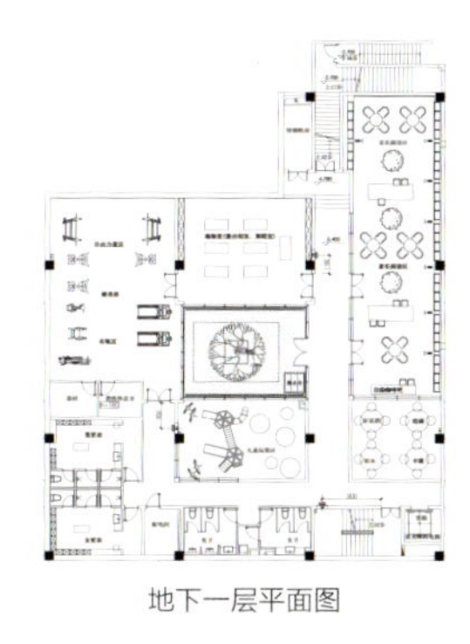

地下一层平面图

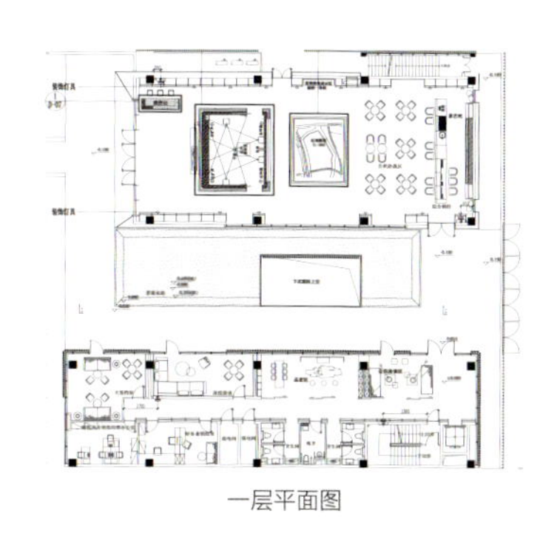

一层平面图

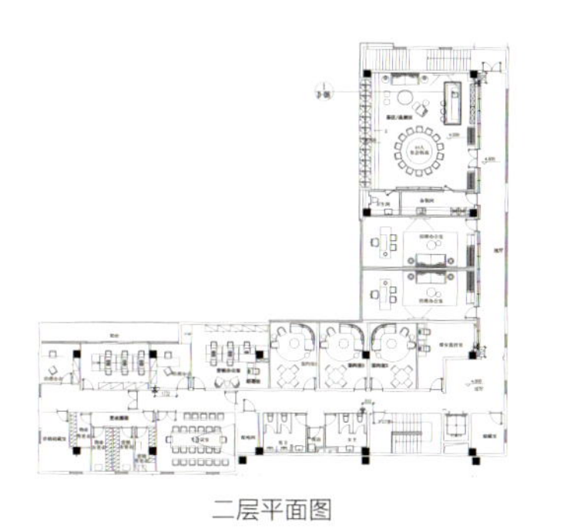

二层平面图

上海央玺销售中心

SHANGHAI YANGXI SALES CENTRE

设计单位：上海牧笛设计师事务所
主创设计：毛明镜
设计团队：沈强、刘雅娟、孙德强
软装陈设：矩阵纵横
建筑面积：2500 ㎡
主要材料：山水紫大理石、木饰面、金属
坐落地点：上海
完成时间：2017 年
摄　　影：隋思聪

大门轻启至售楼处前厅，中式传统建筑雕梁画柱加之现代手法演绎的榫卯连接，于前厅正中央塑造了一处气宇轩昂的木制架构，墙地面精挑细选而来的紫山水大理石，宛如若隐若现的山水画卷穿梭于整个空间。“围”与“合”的设计手法，构造出浮云缥缈、雾气氤氲的诗意场景，由前厅右转，即为通往沙盘区过道。此处借用豫园对联中描述微风细雨时好友相聚乐不知返的愉悦心情，运用现代的设计手法塑造“疏”“幽”“曲”“闲”的廊道空间。LED 屏幕阵列排序增强了视觉冲击力，廊道尽头传统的麒麟神兽又为行走于空间的观赏者带来了极大的新奇感与神秘感。

1 | 3
2 |

1: 入口
2: 接待台
3: 沙盘模型区

1: 地下室前厅
2: 洽谈区 VIP 区
3: 通往沙盘区的过道

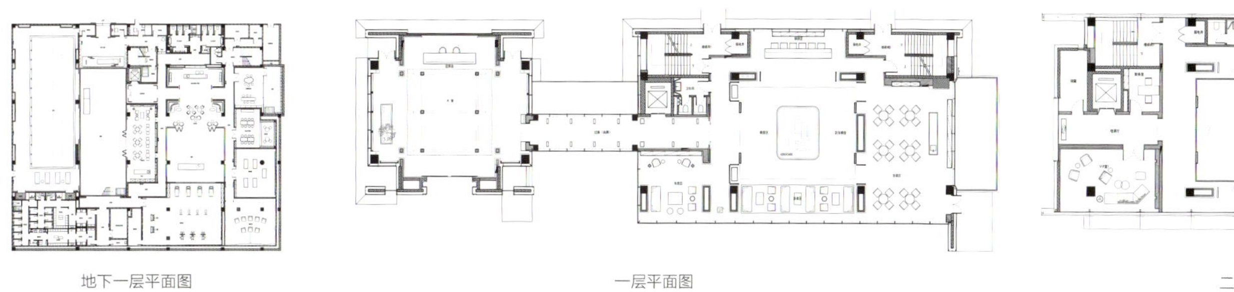

地下一层平面图　　一层平面图　　二层平面图

1 | 2 1: 接待台
2: 沙盘区

青岛青铁华润售楼处

TSINGTAO QINGTIE HUARUN SALE HOUSE

硬装设计：STUDIO HBA 赫室
软装设计：LSDCASA
坐落地点：青岛
完成时间：2017 年 11 月
摄　　影：张静

接待大厅是人进入室内的第一感观，是形成整个空间气质的起点，作为一个以展示为主的区域，流线型的顶部设计，和强烈造型感的空间结构，已经极具视觉冲击力，摒弃多余陈设，让位于空间本身形成的气场，选择了以极具现代感、流线形态的艺术装置去迎合空间本身的流动，丰富层次，打破此类空间可能带来的压迫感和疏离感。在这个项目中，艺术品是贯穿整个空间的气质和力量，甚至家具与艺术品之间的界定也是模糊的。

在艺术装置甄选上，除了以极具现代感的流线形态去迎合空间本身的流动，形式上以节奏感和韵律为同一元素，在定位点的选择上，经过严密的考量和测算，以期通过这些具有指向性的物件，来引导人流动线和视觉点的游转。

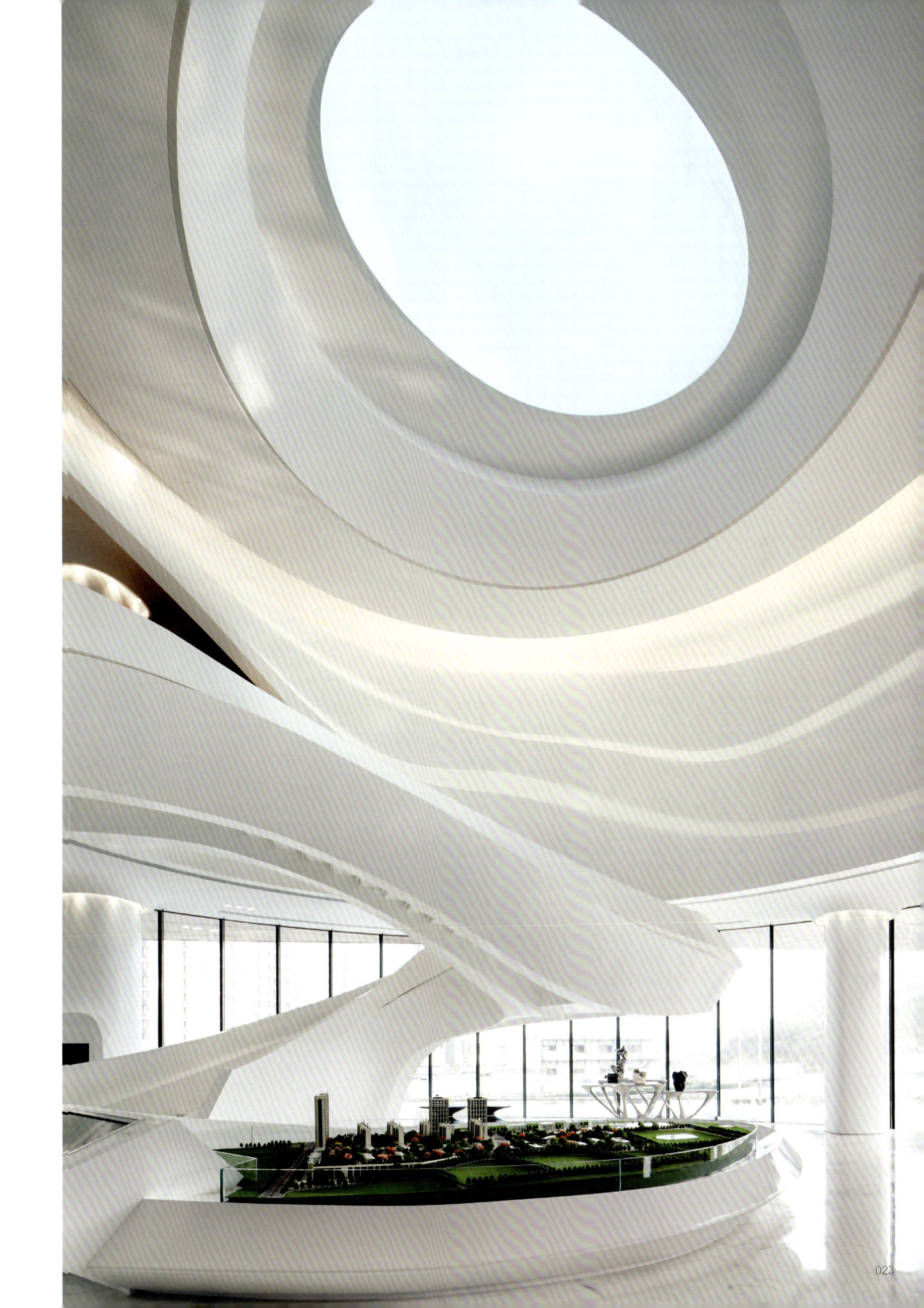

1	3
2	4

1: 从楼梯眺望洽谈区
2: 贵宾室
3: 沙盘区大厅
4: 洽谈区局部

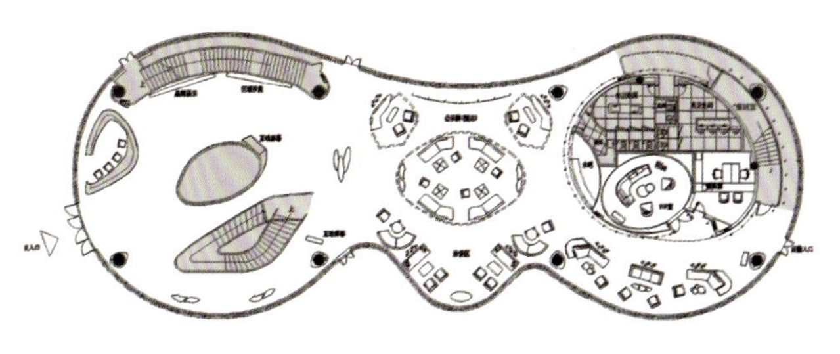

平面图

光之殿堂 · 上和郡售楼处

THE LIGHT PALACE– SHANGHEJUN SALE HOUSE

设计单位：吕永中设计事务所
主创设计：吕永中
设计团队：俞培晃、杨征东、孙泽、张田根、刘静
建筑面积：1600 ㎡
主要材料：暖灰色石材、橡木、玫瑰金和纹不锈钢、红铜
坐落地点：郑州
完成时间：2018 年
摄　　影：吴永长

项目自然简约，外观朴实，内含力量。楼盘建筑外立面采用了大量陶砖，在售楼处风格调性上突出此特质，材料选用更加纯粹，细节做工力求精致。不一定使用奢华材料，将最合适的材质放在合适的地方。

空间组织是此案重点。大堂强调垂直向纵深高度，拔高高耸，具有神性；两翼水平向，亲切流动。右翼是沙盘和洽谈区，左翼为办公会议区。两翼功能互不影响，又能便捷沟通。在相对较长的廊道形成段落兜转，大小错落，高、低，松、紧，形成空间叙事节奏。

1: 大堂正面视角
2: 售楼处入口
3: 大堂往西面视角

1: 大堂往南面局部
2: 往南面视角沙盘模型区域
3: 东面过厅往西面视角
4: 洽谈区光之幕墙

此项目，吕永中的设计概念为“光之殿堂”。此概念初生于2012年“方太厨电体验馆”，时隔5年，因时因地对光的处理也有所不同。前一个，在幽暗中凸显电器光亮，而本项目则通过整体光明中层层过渡的灰色调，调动气氛的优雅与温暖。通过南向窗的引入，用木格栅的过滤让自然光更加“暖”，并随着日升日落而变化；有当代艺术一般的光膜墙面，以画廊一般的方式展示资料信息；也有地面灯的指引，不同区域用不同的光来配合。而作为基本照明功能的灯具，非常节制地使用在真正需要的地方。

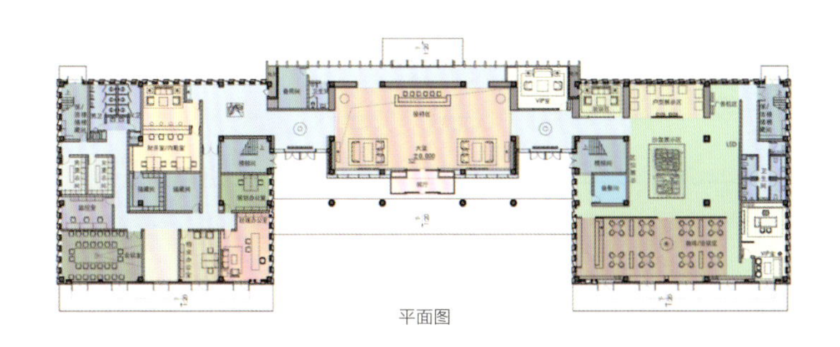

平面图

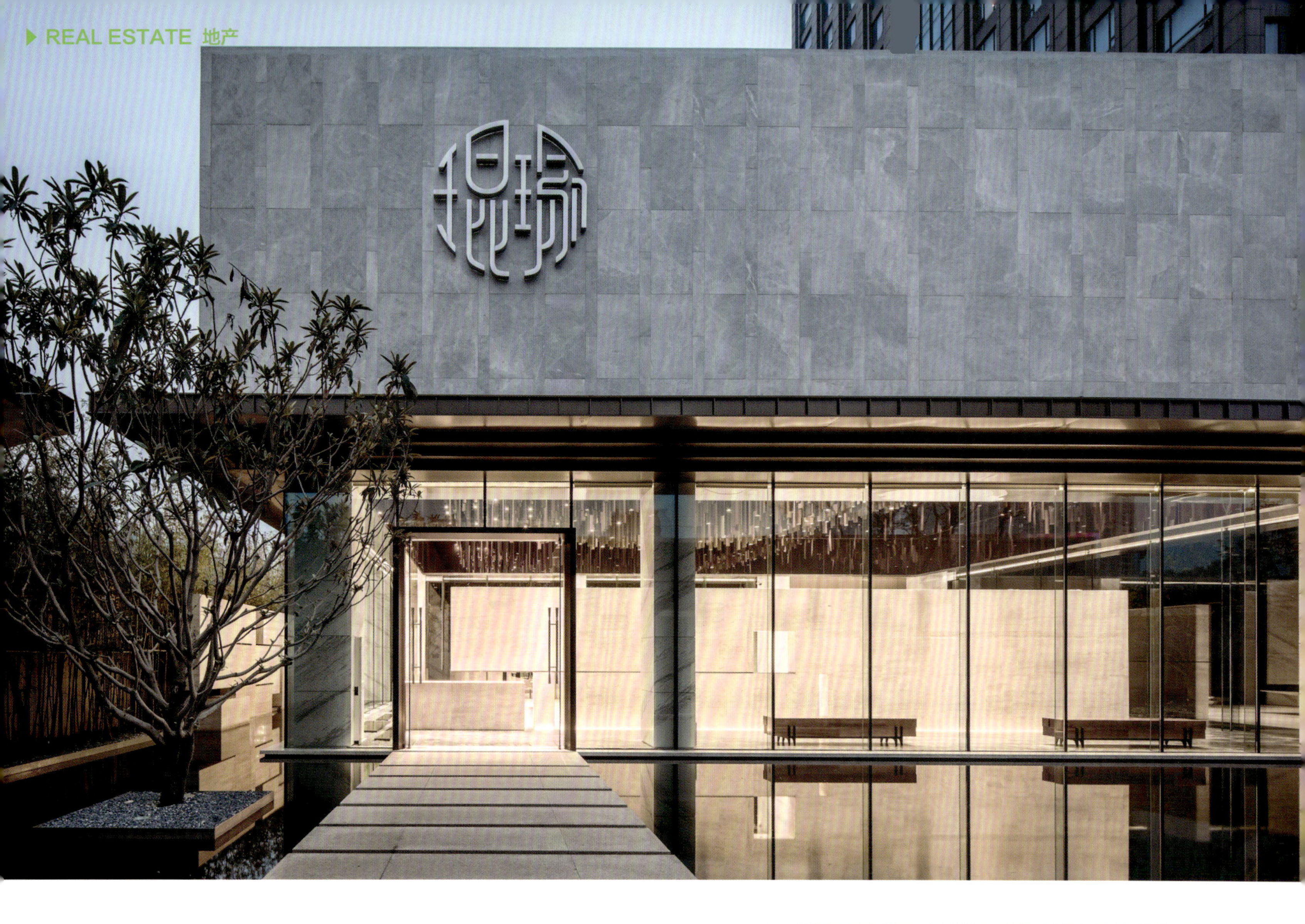

华润·琨瑜府售楼处

HUARUN KUNYUFU SALE HOUSE

设计单位：近境制作
设 计 师：唐忠汉
建筑面积：714 m²
主要材料：石材、镀钛铁件、黑铁、铝管、石皮、水泥板
坐落地点：武汉
完成时间：2017 年

处繁华而避清幽之境，居闹市而无车马之喧。利用结构线条与光源的转换，运用量体及借景交错融合，呼应整体设计概念的延续。入口处采用仪式性空间，借由墙体间的座落位置，压缩形成仪式性的长廊，空间虚实，以墙体的穿插界定空间关系。连廊处通过转换模糊界线，用云雾在空间中穿梭，模糊内外界线。桃花林区运用宽窄不等距的柱列营造秘源森林的意境，四周铺满细石来强调抬高的圆形地坪，也与之呼应不锈钢圆顶的天花，无须使用隔间却能界定出场域使用性质。走过桃花林，豁然开朗，一片静谧空间，这就是在阅读区想要呈现的氛围，周围耸立了书墙，是为了心境由仪式上的濡染到空间情感上的转换，进而来到沉淀、思考的静谧。

1: 外立面
2: 局部
3: 入口区

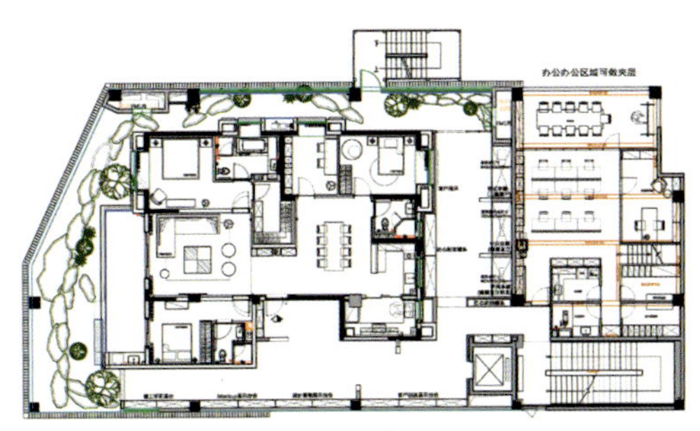

二层平面图

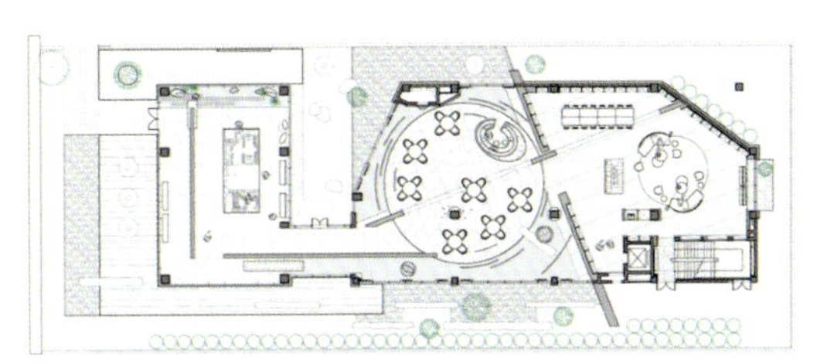

一层平面图

1: 从洽谈区眺望阅读区
2: 洽谈区
3: 阅读区
4: 过道
5: 细节

1: 建筑外立面
2: 沙盘模型区
3: 接待厅局部

茅山雅居乐 · 山湖城售楼处

SHANGHUCHENG SALE HOUSE

设计单位：李益中空间设计
设 计 师：李益中
建筑面积：1600 ㎡
主要材料：意大利灰大理石、古铜拉丝不锈钢、布艺硬包
坐落地点：江苏常州
完成时间：2017 年 11 月

茅山，因自然景观奇特而秀美，有九峰、十九泉、二十六洞、二十八池，峰峦叠嶂，云雾缭绕，星罗棋布。茅山作为道教清派发源地，崇尚清静寡欲，天人合一，道法自然，人与自然的和谐思想。茅山雅居乐 · 山湖城售楼处，距东方盐湖城仅一路之隔，依山傍水，空间的东方人文气质与自然景观相呼应。

李益中空间设计将自然无为、返璞归真的哲学思想融入现代空间设计中。运用朴素的创作手法打造一个虽由人作宛若天成的艺术空间。整体空间以沉稳的深灰色和米灰为主色调，大面积白色和米灰衬托整个空间的质朴和纯粹，一丝温暖的橙黄与灰蓝提亮空间视觉。在软装材质上，搭配大面积棉麻布艺、深色黑胡桃木、低奢的拉丝古铜以及柔软的皮革，自然舒适而又不失精致感，让整个售楼处更具灵动与层次感，在自然与现代的基调上，运用质朴的石材与细腻的材质作对比。阳光四溢穿过玻璃幕墙，充满自然的清新感洒满室内，使空间在沉稳中又透显出无限的生机与活力。

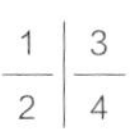

1: 洽谈区局部
2: 阅读区
3: 休闲区
4: 楼梯

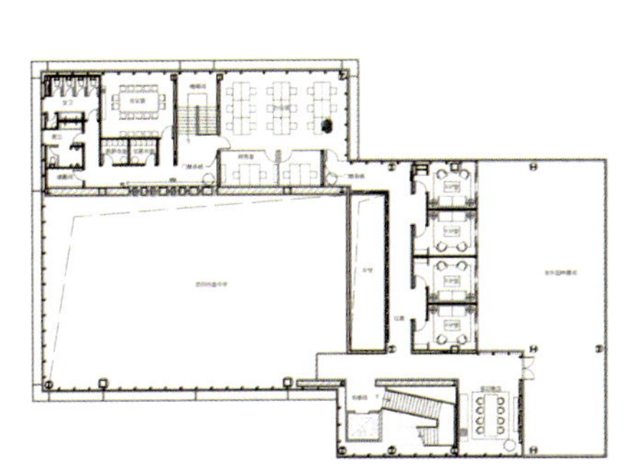

二层平面图

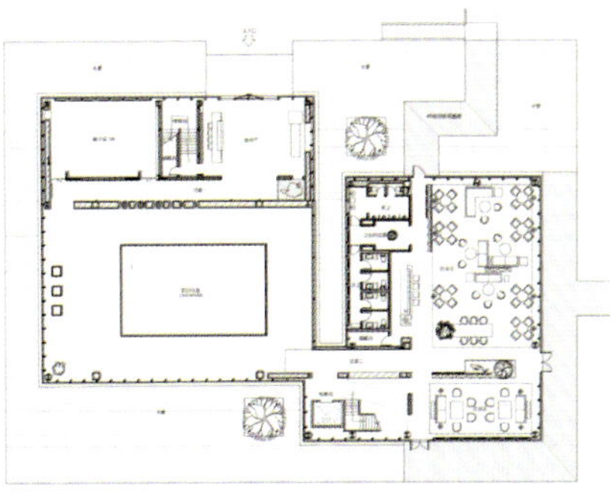

一层平面图

粮仓 X 号复活记

DIRARY OF GRANARY X

设计单位：黑龙设计
设 计 师：王黑龙、王一人
建筑面积：1100 ㎡
主要材料：云多拉灰大理石、灰色半镀膜玻璃、碳黑色喷砂不锈钢
坐落地点：湖南长沙
完成时间：2018 年 3 月
摄　　影：文耀摄影

“粮仓 X 号”是虚构名字，抑或“X”才能代表它今后命名的各种可能。作为粮仓，它的原始功能早在多年前就已失去，新的储粮技术和设施先取代了它和其他同类建筑曾经的地位，而大规模的城市建设和开发紧随其后，在二十年间圈并和蚕食着其濒临湘水的大片宝地。所以从二十世纪九十年代开始，曾经显赫，建造于建国初年由苏联专家设计的十座苏式粮仓就被陆续拆除，随之灰飞烟灭的不仅是两代人的记忆，还有城市的部分历史。毕竟，老粮仓曾经是长沙人引以为豪，可以影响世界的，承担援助十几个友好国家粮仓重任，是全国知名的重要粮储基地之象征。

“粮仓 X 号”是幸存下来的十座苏式粮仓中最后一座，它的幸存，前有当地有识之士的关注，文保部门的禁止令，后有我们的积极构想和开发商的明智决策。“粮仓 X 号”是一座长 38 米、宽 14 米、高 13.84 米的椭圆形建筑，按照檐部、勒脚三段式的经典做法，两侧各有八对逐级内收的构造柱，和若干小型通风窗，基部还各有两对供运输机械进出的拱形洞口。内部沿墙设有三级搁置层板的“圈梁”，屋顶为木构人字梁。近七十年的演变，原本的面貌已被不同年代出于不同目的而不同程度地改变和损坏。我们提出了保护性修复、功能性改造、前瞻性重生的三部曲激活计划。设计团队在现场进行了大量测绘工作，对粮仓建筑的历史进行了全面调研，尝试以创造保护历史、保护文化记忆的可能性，用当下功能的植入保护建筑母体，以新的现代元素对话旧的前工业化的历史特征。

1: 建筑外立面
2: 入口
3: 建筑局部

1 | 3
2

1: 前台
2: 洽谈区
3: 沙盘俯视

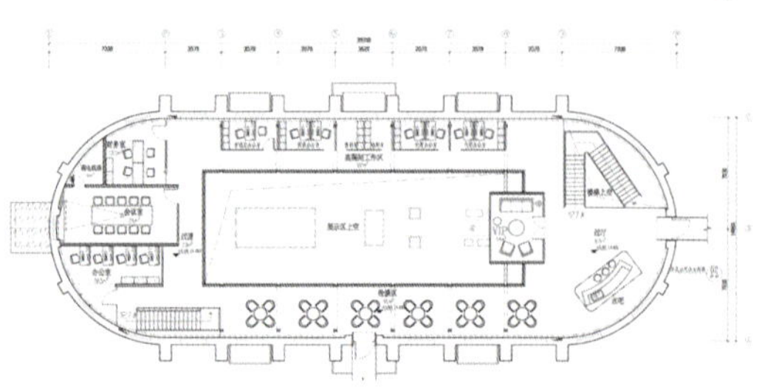

二层平面图

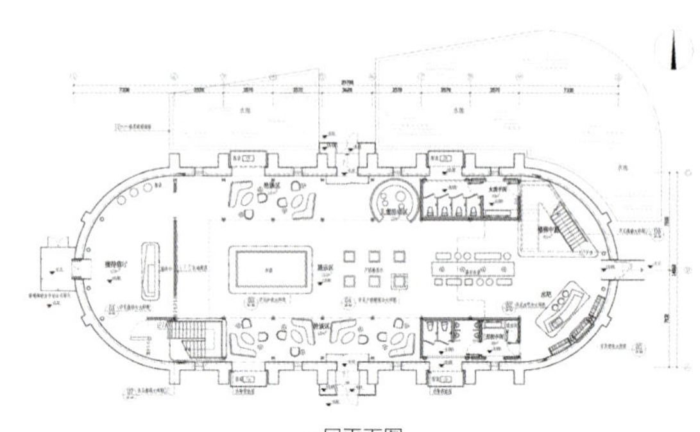

一层平面图

粮仓建筑是一个只有通风而无采光的封闭体，除了建筑周圈设置的通风窗外，欠缺植入当下功能所需的基本条件，在不影响建筑外廓前提下，设计团队在建筑顶部两侧东西向开设了通长的采光窗，引入大面积天光和新风。同时疏通恢复原建筑原有立面洞口，增大采光通风面；裸露原建筑顶部复杂木构，呈现结构之美态，取消影响空间布局的中心立柱，代之以现代轻盈的碳纤维结构材料；对旧建筑表皮进行深度清理，剔除外立面外加的附着物并修复被严重损坏的砖面，但保留特殊时代印记及标识；内部则铲除了原用来防水灰泥层，显露出基层红砖结构。室内建构均采用独立钢构，与建筑轻分离，既不损害脆弱的旧建筑，又以新的建构方式与旧建筑产生对比。

1: 楼梯局部
2: 从楼梯仰视顶部
3: 二楼办公区局部
4: 二楼楼梯口
5: 一层休闲区

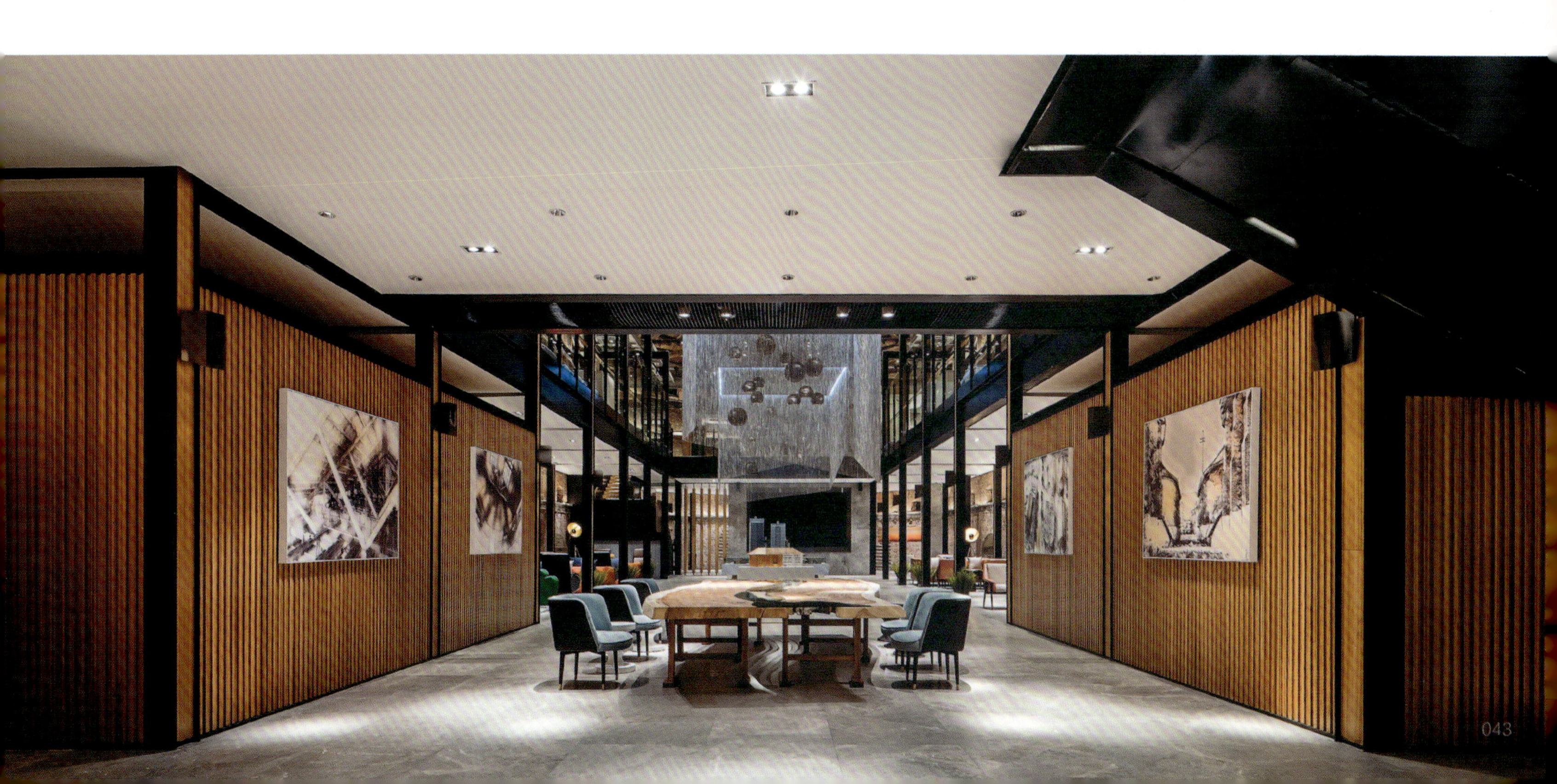

1: 建筑外立面
2: 外立面
3: 沙盘模型区

阳光城檀悦售楼处

SUNLIGHT CITY TANYUE SALE HOUSE

设计单位：达观国际设计事务所
设 计 师：凌子达、杨家瑀
建筑面积：1100 ㎡
主要材料：外墙涂料、不锈钢、熏衣草大理石
坐落地点：郑州
完成时间：2017 年 10 月

本案我们同时设计了建筑、室内和景观。项目包含销售、展示空间，置入 5 个样板房和一个约 150 平方米的工法展示区。因为本身基地条件不是特别好（周边为老街道），所以把样板房及展示空间放到二楼，主要的洽谈区设置于一楼，这一区域可以透过玻璃看到室外景观水池。运用简单自由的曲线进行建筑外墙设计，建筑如同一个飘浮发光的盒子，达到视觉的焦点。室内空间运用“舞动的丝带”来做空间界定。丝带本身有两个功能：艺术性（装置艺术）和空间的界定。灰色和白色两根丝带交错串联、结合而分离，既串联一二楼所有空间，又把空间做了区隔和界定。

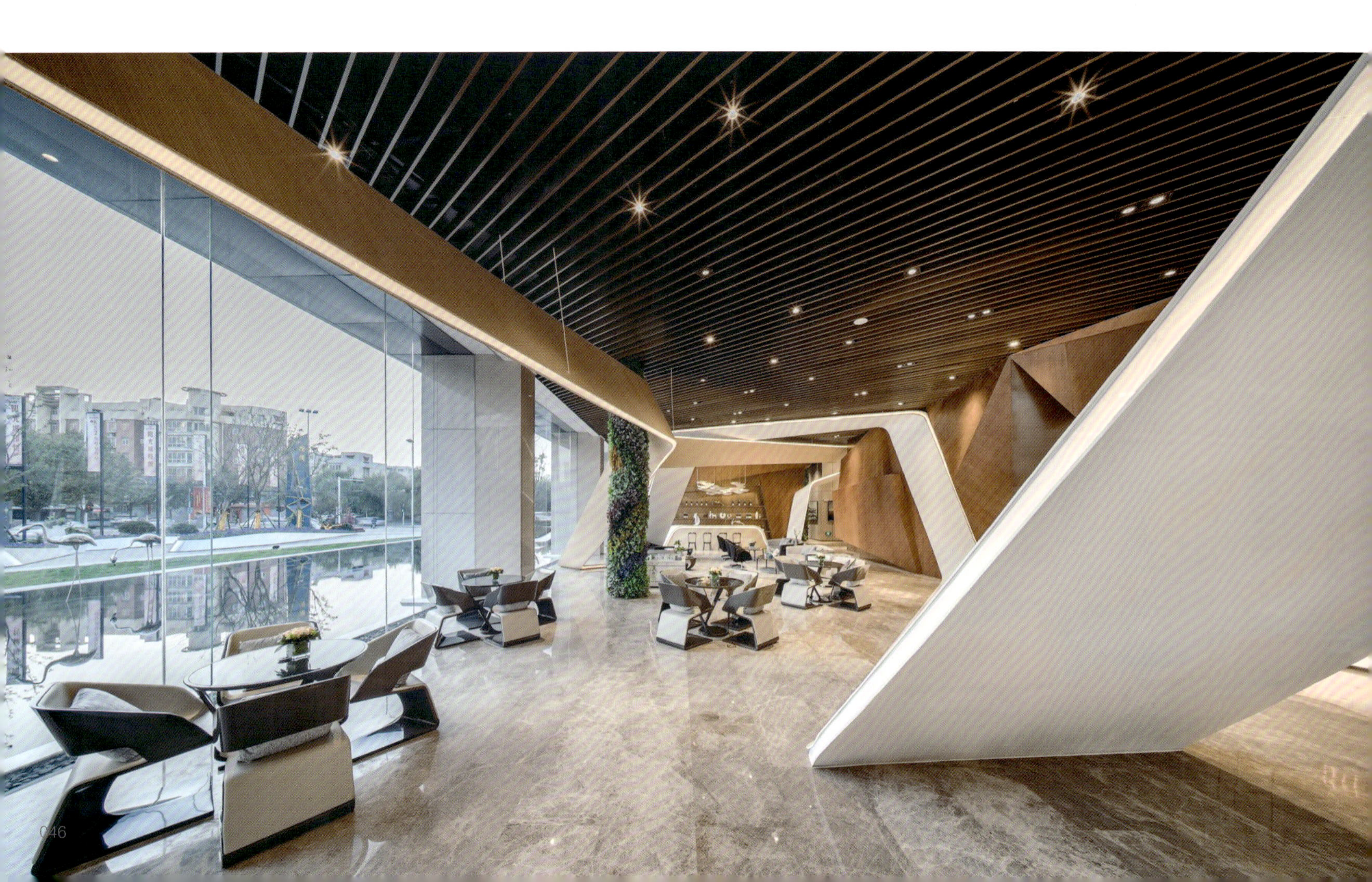

1/2 | 3

1: 洽谈区
2: 洽谈区
3: 洽谈区局部

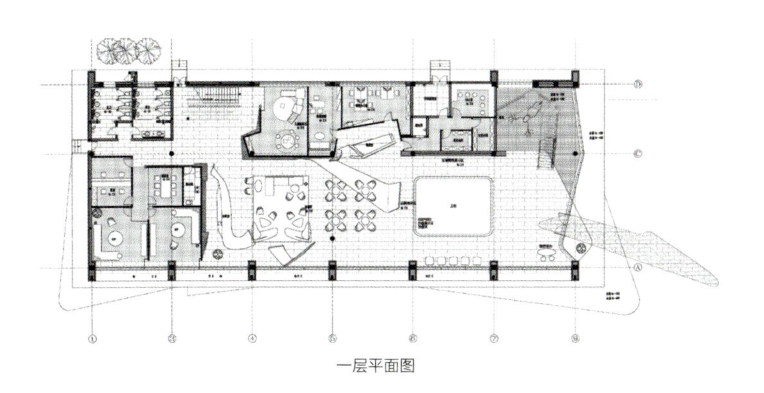

一层平面图

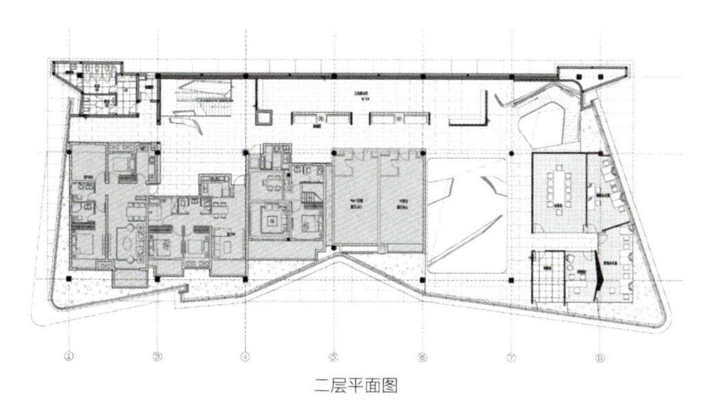

二层平面图

“最好的建筑是这样的：我们居住其中，却感觉不到自然在哪里终了，艺术从哪里开始。”林语堂这段话，便是本次设计灵感之初。DIA 意欲打造的是 360 度无死角艺术空间体验，消退边界自然贯通之境，每一个目光所及，都将捕捉到来自设计的诚意。室内设计的起点，开始于和建筑及景观的对话，在建筑尺度的观察下，对系统环境理解中，从大视觉角度纯粹而艺术化呈现。

入口沙盘模型区，宛如通过婆娑树影倾射而来的阳光一般，光影灵动的穿孔板天花造型，无疑构成了标志性室内印象一隅。这个贯通入口视觉的大挑空区域，也是在室内与建筑设计多轮磨合之后，共同成就的空间绽放之处。如果说天花光影是通过人工方式将自然之感引入室内，那么最大限度的开放玻璃立面区域，消弭室内外边界，便是直接让内外空间呼吸交流，引自然景观成为内观的风景，让室内造景亦成为外景观察的注脚。

一层穿过挑空区域另一侧，是安静的洽谈区域，陈设与光线的细微调整中，自然划分出了动静区隔与空间调性。二层洽谈与展示区，将交际与艺术生活体验交织，向心式的环境构成，强化了展示与交流间的互动关系，凝聚了氛围化的体验。

杭州壹号院售楼中心

NO.1 COURTYARD OF HANGZHOU SALE HOUSE

建筑设计：GAD
室内设计：DIA 丹健国际
室内主创：张健
设计团队：张卫、邵俊兵、刘鹏、肖鹏
软装设计：谈翼鹏、林理忠
建筑面积：3500 ㎡
主要材料：陶瓷薄板、云朵拉灰石材、铜板
坐落地点：杭州
摄　　影：罗文

1|2 | 3

1: 建筑外立面
2: 外立面局部
3: 沙盘模型区

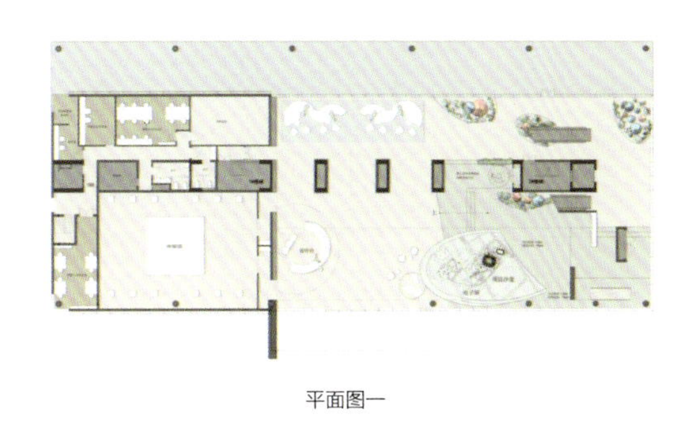

平面图一

平面图二

1 | 3
2 | 4

1: 儿童活动区
2: 洽谈区
3: 洽谈区
4: 局部

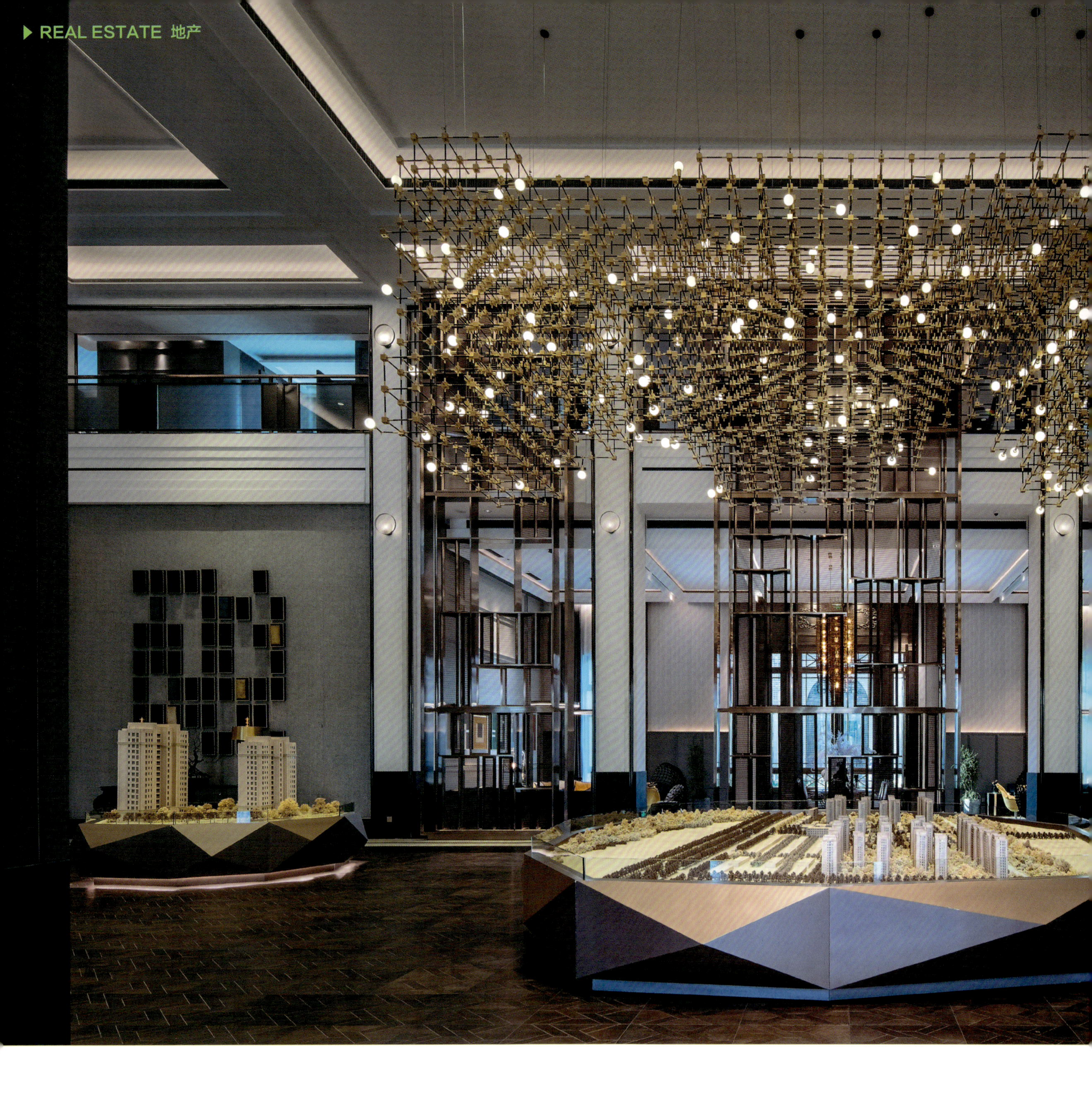

实地海棠雅著

HOUSE OF BEGONIA PRODUCED BY SEED LAND

设计单位：深圳布鲁盟室内设计有限公司
主创设计：邦邦、田良伟
建筑面积：2000 ㎡
主要材料：布艺、大理石
坐落地点：天津
完成时间：2017 年 7 月
摄　　影：王厅

售楼处入门，黛蓝建筑立面上，以古典的柱形与纹样介入视点，顺理成章成为建筑与室内的过度。透过门框，艺术灯饰散发着温暖光芒，谱写着礼序的乐章。以此为序列进入售楼处，一层为品牌展示区、洽谈空间和沙盘区。睿智冷静的黑与尊贵丰饶的金成为空间主调。设计模糊东方与西方、古典与现代的边界，家具样式去除古典艺术的繁杂，却保留其精致，在对比例美感掌握的基底下，以古典时代的艺术成熟度，创造出“新的华丽”面貌，形成当代艺术张力。

沙盘区强调设计仪式感，大尺寸灯饰，透过巨大却简约的造型，几何图案的重复与金属色彩的介入，形成雕塑般的艺术性，点线面的构成，浑然天成，以强烈的色彩、节奏与特殊的韵律感形成空间华美风尚。洽谈区别出心裁，古典与当代设计自由混搭，玄关桌、树枝饰品、特殊处理的壁挂装饰等，这些元素让空间充斥着奇特魅力。

1 | 2/3

1: 沙盘模型区
2: 一楼洽谈区细节
3: 入口门厅

1 | 3
2 | 4

1: 一楼洽谈区
2: 二楼书吧
3: 楼梯
4: 一楼 VIP 室

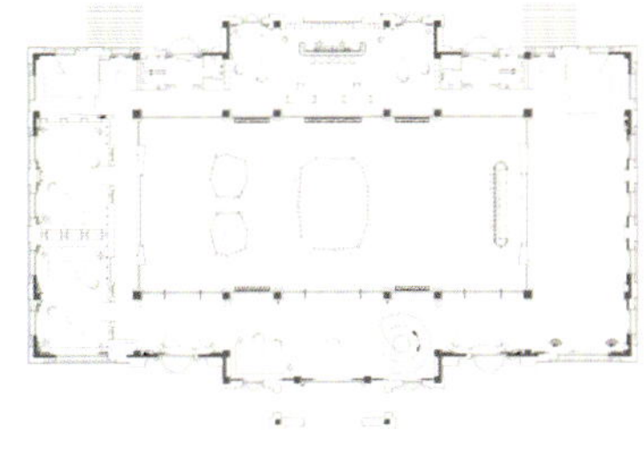

二层平面图

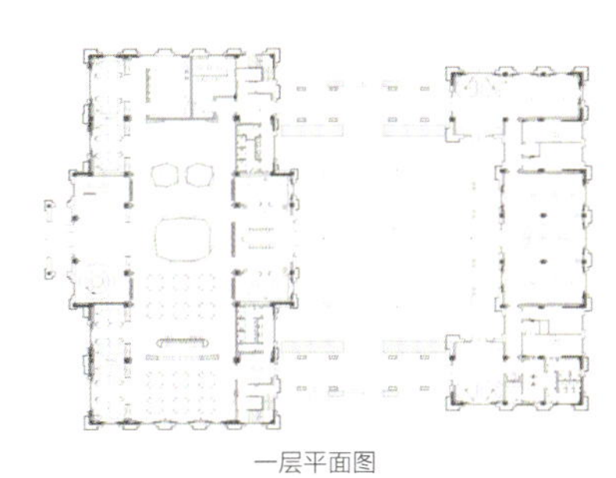

一层平面图

万科大家售楼处

VANKE DAJIA SALE HOUSE

设计单位：上海乐尚装饰设计工程有限公司
建筑面积：1000 ㎡
主要材料：布艺、皮革、大理石、木材
坐落地点：苏州
完成时间：2018 年 2 月
摄　　影：姚力、隋思聪

万科大家售楼处位于苏州青剑湖板块。大家这座宅院园里，无论景观与建筑，均呈现既传承时代又独立于时代的大形之美，以此为基调，乐尚设计用最自然的姿态，凝练时光中的永恒，把江南传统文化意境中的远山淡影、恬淡安舒、虚怀澄明，以艺术设计的方式呈现出来，人文精神浸润空间内外，追踪时光的足迹更显意味悠长。

预接待区设计清雅低调，回归空间自然质朴的天性，低调而真实的肌理变化、沉静清淡的色彩，让整个空间氛围显得舒适放松。设计通过材质与质感的对比、器物的语言，隐喻了“少言、行远、去杂、至巅”四种富有禅心雅韵的人生境界。洽谈区空间，人字形挑高空间，纵向与横向线条自然组合，呈现出富有旋律的简洁空间，素雅的背景和装点，赋予空间谦和宁谧的气质。

1 | 2/3

1: 售楼处外景
2: 洽谈区
3: 前厅预接待

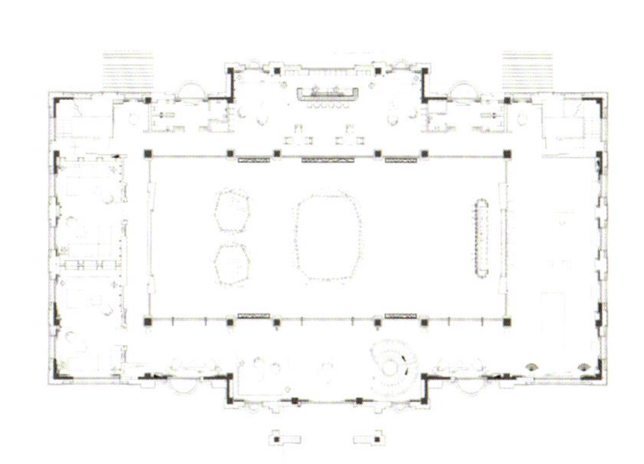

二层平面图

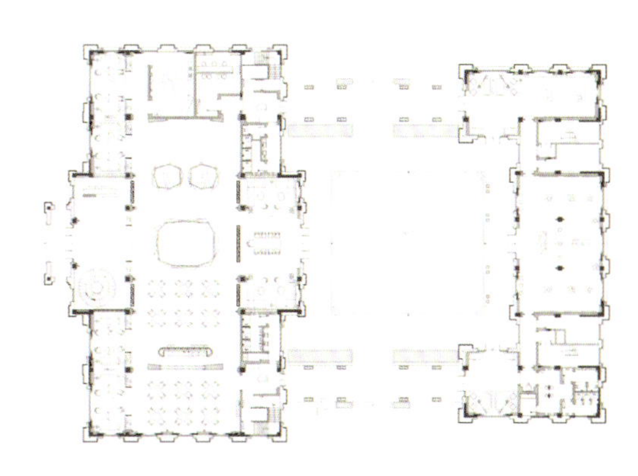

一层平面图

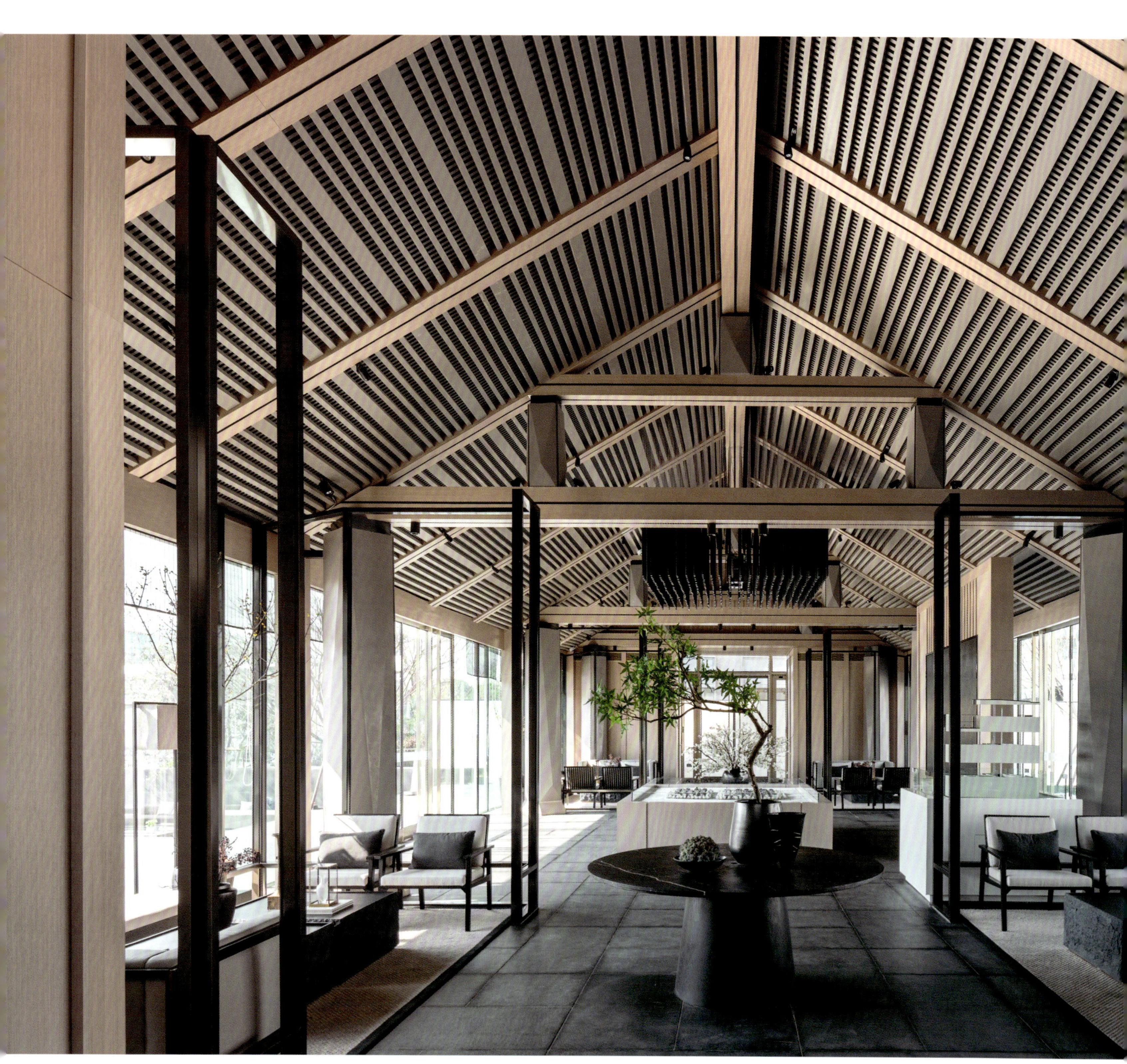

1 | 2

1: 洽谈区
2: 洽谈区局部

天合名门营销中心

TIANHE MINGMEN SALES CENTRE

设计单位：深圳朗联设计顾问有限公司
设计团队：秦岳明、肖润、龙小勇
陈设设计：朗联空间艺术
设计团队：何静、刘梦莹
建筑面积：1215 ㎡
坐落地点：广东汕头

天合名门营销中心位于汕头东海岸之心、城市游憩商业区，定位高品质滨海住宅区项目。“巢”是本案设计主题，在接待前厅，以“灯”喻“鸟”，通过灯光流动引导访客视线，让一幅“万鸟归巢”画面活现眼前：金色树林里，鸟儿们结伴凝聚，飞往前方巢穴。

整个接待厅，最大亮点是高达 9 米弧形围合空间。精心设置的回形纹隔断，如同“巢穴”，亦如一个张开双手的怀抱，将区域模型稳稳包裹，踏实又安心。一幅“万鸟归巢”图，既传达了人们“安家筑巢”的美好愿景，又与开发商合群地产的理念“筑造人居智慧”不谋而合。以模型区墙面为界，天地为之一开。空间界限变得模糊起来，仅通过家具和金属隔断使其划分为洽谈区、酒吧休闲区、VIP。金属隔断沿用建筑外观排列组合的肌理效果，也如同“巢穴“，呼应本案主题。这种通透又连结的方式独具包容性，既收藏了室外碧海蓝天，又安放了人们身心与灵魂。伴随着门一开一合，空间的趣味性和私密性得以展现。

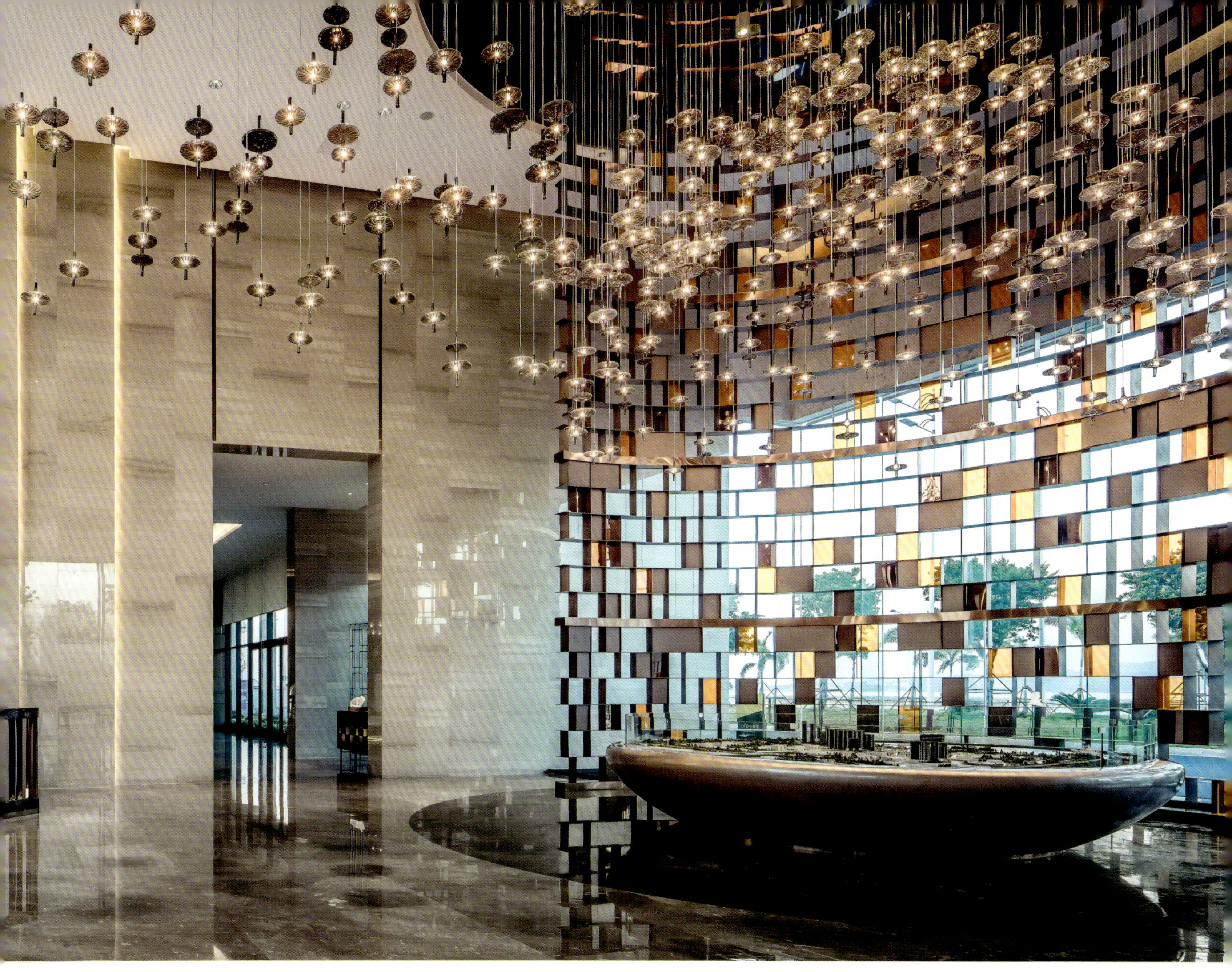

1: 接待前厅
2: 建筑外观

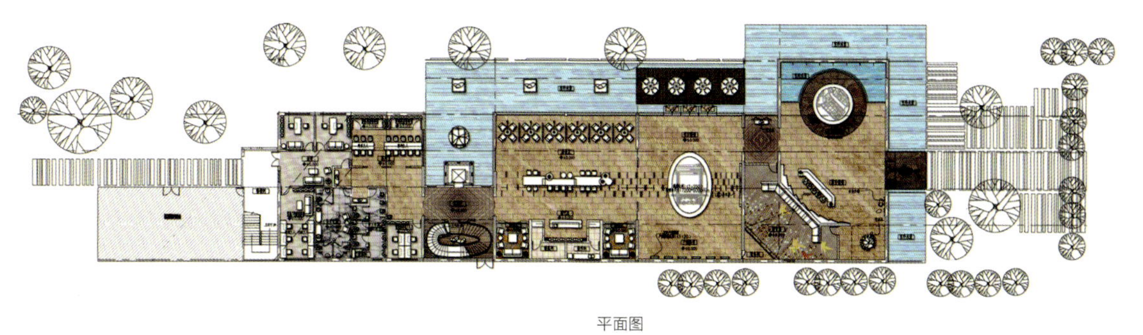

平面图

1 | 3
2 | 4

1: 洽谈区
2: 洽谈区
3: 由二楼望向一楼
4:VIP 室

设计单位：台湾大易国际设计事业有限公司
邱春瑞设计师事务所
主创设计：邱春瑞
设计团队：童少楠、邓宇
建筑面积：3500 ㎡
主要材料：大理石、金属、木饰面、硬包
坐落地点：四川成都
完成时间：2017 年 6 月

1	3
2	4

1: 建筑外立面
2: 接待大厅
3: 沙盘模型区
4: 空间局部

成都海泉湾展示中心

HAIQUAN BAY SHOWROOM OF CHENGDU

海泉湾展示中心位于成都东北部有天府花园水城之美称的金堂县，毗邻铁人三项国际赛场，生态环境优越。本案为文旅地产项目，由温泉酒店、别墅区和高层区组成，在项目开放时作为销售中心，用于展示、接待和办公。

设计主体为一栋两层现代简约建筑。设计师始终坚持“室内设计是建筑设计的延伸”，摒弃过多装饰陈设，结合建筑整体环境，融入本土在地文化才能形成设计的差异化，以川籍艺术家张大千泼墨云山画作《蜀山行旅图》作为概念发想，提取画作中云、山、水、石元素于室内，用浪漫主义表现手法，将行云流水层叠之势抽象提炼后，再以具象手法艺术地置于空间。室内隔断运用艺术玻璃展现峰峦叠嶂的挺拔与俊秀，烟云缭绕间一重重落地格栅屏风布局对称，递进产生秩序之美，增强空间进深感，从功能上做到隐藏空间立柱，同时营造出国合庭院层层院落的大方雍容之意境；一层和二层采用层叠式矩形旋转阶梯衔接，造型朴拙雄浑又不乏灵气，既与空间元素上下呼应，又如同李白诗句“蜀道难，难于上青天”般，营造出一种不可凌越的磅礴气势。

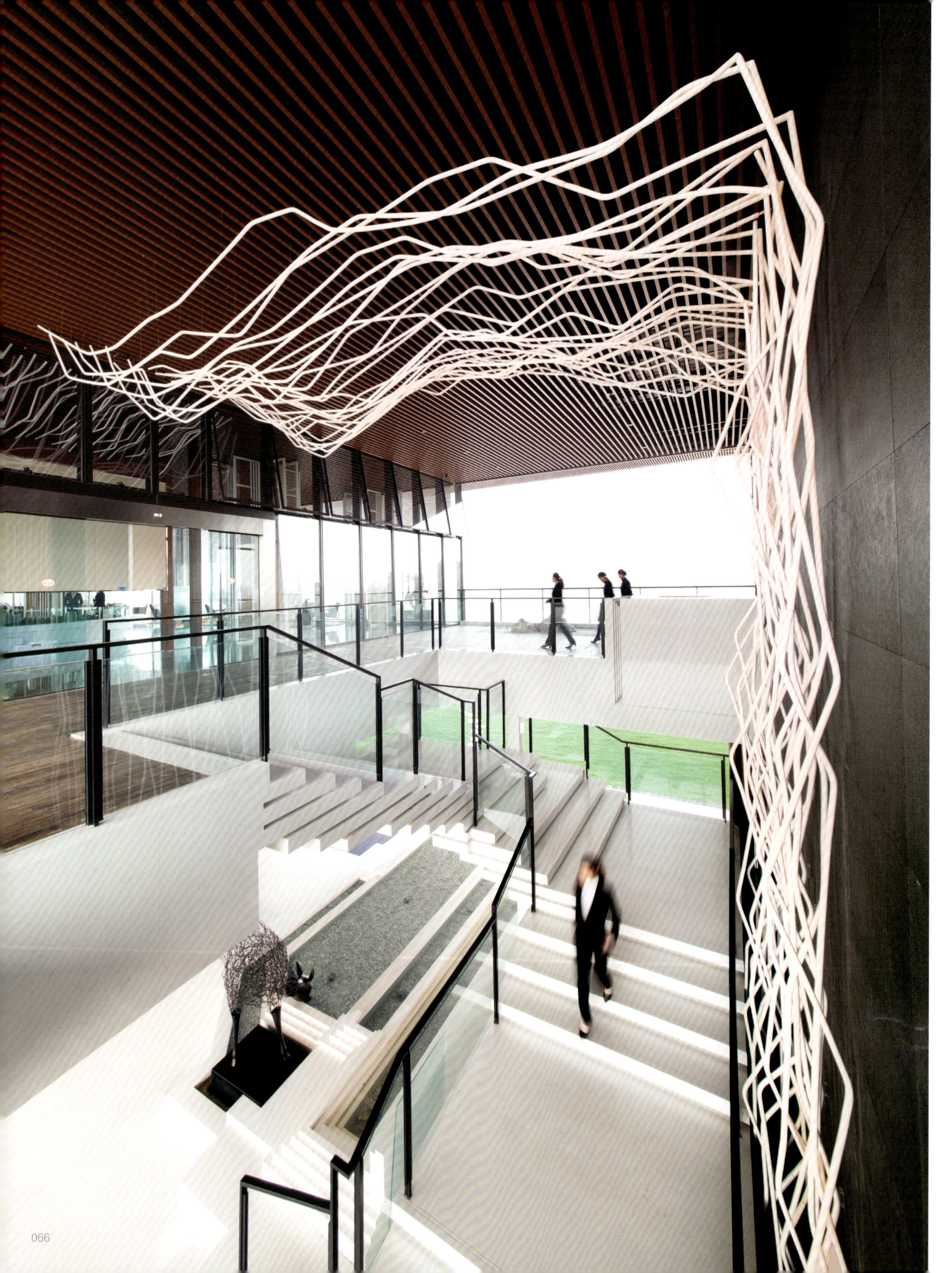

1 | 2 / 3

1: 楼梯
2: 洽谈区
3: 洽谈区局部

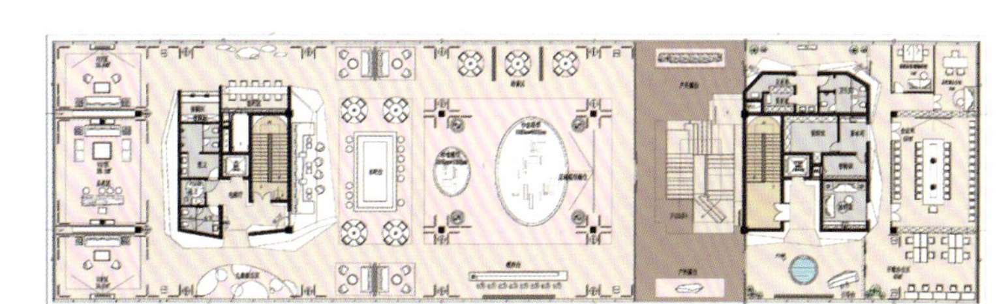

平面图

中粮祥云墅售楼处

COFCO XIANGYUN VILLA SALES OFFICE

设计单位：大观 · 自成国际空间设计
主创设计：连自成
参与设计：王琴
建筑面积：710 ㎡
主要材料：桂林灰木纹石材、橡木木饰面、灰镜
坐落地点：上海
完成时间：2017 年 12 月
摄　　影：张嗣晔

项目坐落于上海浦东新场。考虑到项目靠近素有“小小新场赛苏州”之美誉的古镇，根据建筑构造，设计师直接打造“现代版四合院”，一进现代艺术，二进水墨山水，三进绿野咖啡。设计结合周边环境，延续其静谧、美丽、多姿的特点，不仅运用了新东方设计手法还增添了未来感元素，强调空间内在魅力。

左右对称的大堂，天花造型延续到立面，全部采用隐藏式灯源，带来不一样视觉享受。抛弃传统大面积石墙及木饰面墙体手法，采用格栅装饰更好体现空间层次感，格栅或横或竖，或平或直，于似隔非隔间幻化无穷，扩大空间张力。格栅内部大幅水墨画作，若隐若现，营造东方风雅意境。移步沙盘区，豁然开朗，7.5 米挑高设计让空间感猛然提升，以“韵律节奏”塑造为出发点，不止于表面装饰，更多运用内外建筑处理手法划分空间，使各空间相互渗透，虚实穿插的视觉体验，点线面三维立体空间互相辉映。

1: 局部
2: 沙盘模型区

1 | 3
2 | 4

1: 接待大厅
2: 酒吧
3: 洽谈区
4: 洽谈区

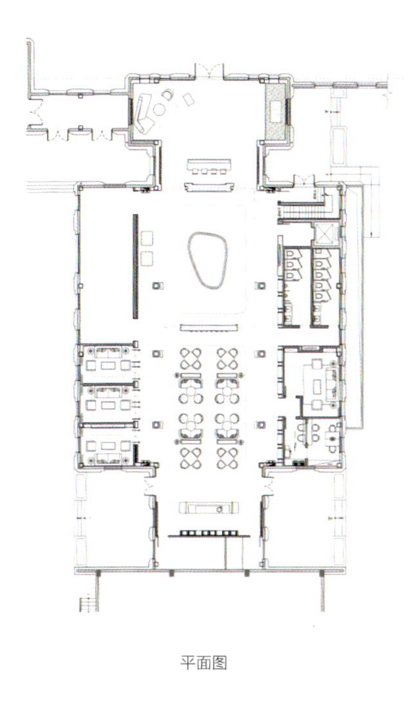

平面图

1 | 2 / 3

1: 灯光透过墙面，整个建筑如同一个个发光盒子
2: 入口处
3: 建筑外景

星宿城市公寓售楼处

XINGSU CITY APARTMENT SALES CENTRE

设计单位：odd 设计事务所
设 计 师：出口勉、冈本庆三、何晓甜、黄业彪
建筑面积：350 ㎡
主要材料：PC 板、水磨石板、地胶板
坐落地点：江苏徐州
完成时间：2018 年 6 月
摄　　影：大鱼摄影团队

项目位于徐州市西苑繁华街区十字路口。本项目出发点为售楼处，但意在为周边居民尤其儿童家庭提供一个自由开放的活动空间。

项目用地比较特殊，狭窄而长，最宽处仅 5 米。周边建筑高度较低，体量相对较小，结合周边城市肌理及项目用地，形成这样一个由大小高低不一的盒子错落分布组成的概念。紧邻十字路口这样优越的地理位置，使之成为视觉上聚焦点，所以设计师希望打造一个视野通透如舞台般建筑效果。建筑外墙采用新型半透明材料 PC 板（聚碳酸酯板），这种材料特征轻盈通透，具一定反射能力。白天路边行道树的影子投在建筑墙面上，透过墙面可以隐约看到室内，夜晚，室内灯光透过 PC 板，使整个建筑群像一个个发光盒子。

CCA
星宿·城市公寓
CONSTELLATION CITY APARTMEN

1 | 3
2 | 4

1: 儿童房场景展示
2: 为儿童游戏空间与生活场景的展示
3: 卫生间场景展示
4: 不同时间段形成不同的光影效果

由于建筑各个体量的错落，使室内形成丰富体验感。高度不同和局部地面抬高产生区域性，局部天花为 PC 板也使室内在不同时间段形成各种光影。入口大厅挑高 8 米，为其中最大一个盒子，该空间置入 5 个体量，每 2 个体量之间局部形成负空间成为孩子游戏场所和各种生活场景展示。每个负空间采用不同颜色，空间的通透性使得从每个角度都可见不同颜色及场景，家长在参观同时也可看见远处玩耍的孩子。

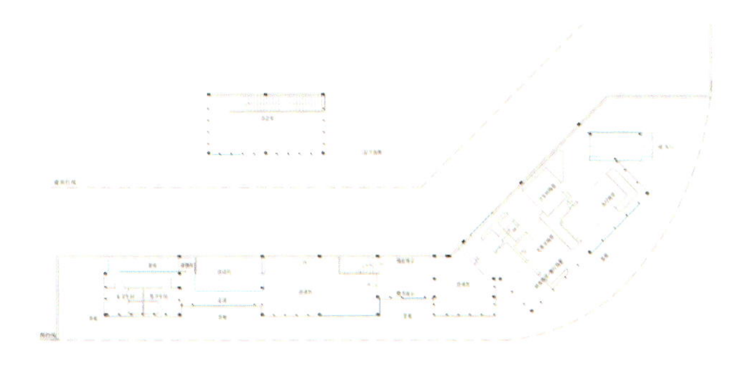

平面图

MOC 芯城汇展示中心

MOC XINCHENG EXHIBITION CENTRE

设计单位：集艾室内设计（上海）有限公司
主创设计：黄全
参与设计：王义国、毛峻、夏炎、陈凤
软装陈设：张燕、李振
建筑面积：4000 ㎡
坐落地点：苏州
完成时间：2017 年 9 月
摄　　影：张骑麟

1: 接待大厅
2: 三楼洽谈区局部
3: 从二层俯视一层洽谈区

近4000平方米大空间，整个天地面散播着华丽与奔放的气息。在宽广的轴线空间里，追寻着空间的黄金比例展现其样式张力。艺术装置般的天花造型，仿佛千万缕光束将焦点汇聚于空间里，光影、水景、人文、艺术都在这里交融，展示着灵动的美。

现代几何的线条感融合卓越的空间陈设，独特的美学方式突显空间的律动，营造了丰富的视觉层次美感。阳光透过巨大的落地玻璃窗洒进室内，整个空间仿佛变成光之美学的创造者，在如此运作的艺术氛围里，理性与感性达到平衡，为空间制造美学的秩序和平衡感。整体布局以现代手法，创造出舒适雅致的气质，带来全新的视觉感官体验。

1: 洽谈区
2: 空间局部
3: 艺术画廊展示区
4: 艺术画廊展示区
5:VIP 室

1: 户外
2: 入口
3: 迎客前区
4: 前厅

扬州瘦西湖售楼中心

YANGZHOU SLENDER WEST LAKE SALES OFFICE

设计单位：上海 · 禾易设计
建筑面积：2343 ㎡
坐落地点：江苏扬州
完成时间：2018 年
摄　　影：徐喆

1: 接待前厅
2: 书院活动区
3: 沙盘模型区

整个设计围绕“院子”这个主题，将中式院落的重进关系，由户外延伸到室内。根据功能使用要求，设三大主题空间，将接待前厅比作“院子”，售楼处定义为“客厅”，举办活动的书院即为“书房”。

前厅空旷通透，仅用寥寥几笔，勾勒出一处园林小景。长长的水景台，始于迎客前区，铺至主景松柏之下，与尽端的月洞门相映成趣。池底曲线蜿蜒，来自瘦西湖的轮廓，流水盈盈卧于池中，映出一轮扬州明月。在只见葱郁没有高厦的沙盘区，一卷卷由顶上垂悬而下的画轴，对空间比例起着调整作用。画卷上映的淡淡江南山色，好似在这里添了些墨香。

洽谈区分布在周边区域，通过设屏风保证私密。陈设的挑选与布置，既体现审美也强调舒适度。书院是对客人开放的活动区，集各类高雅艺术的品赏体验。为满足空间灵活可变的使用能效，区域之间以旋转式门板分隔。在简约的中式造型线条内，融入传统符号的把手门环，在整体上形成庄重的秩序感。

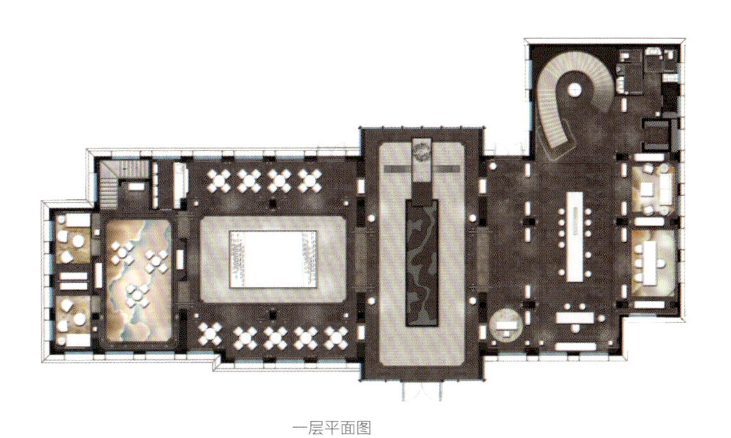

一层平面图

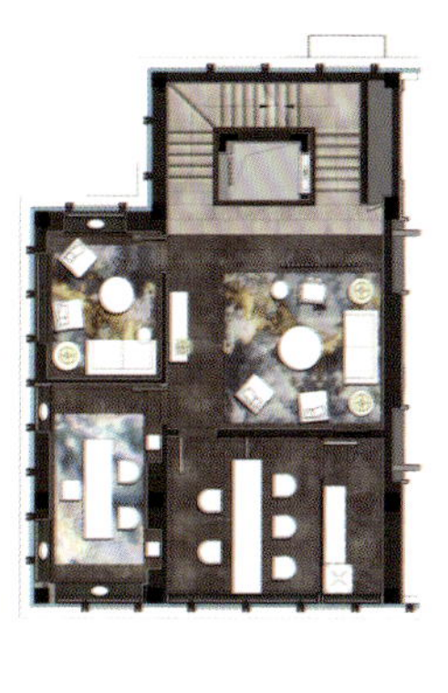

二层平面图

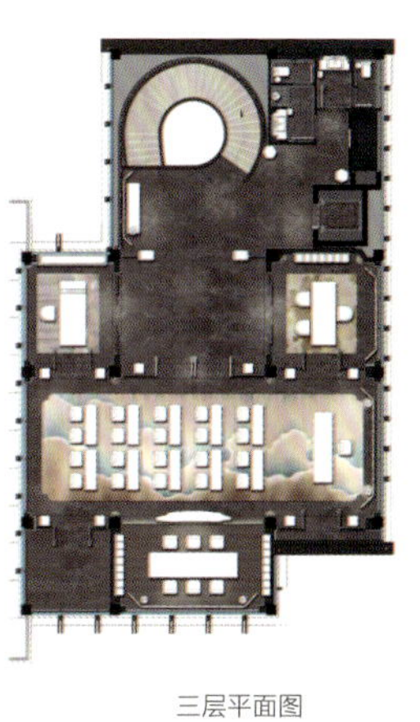

三层平面图

宜昌国际广场销售中心

YICHANG INTERNATIONAL PLAZA SALES OFFICE

设计单位：深圳派尚环境艺术设计有限公司
室内 / 软装设计：周静、周伟栋、游涛、张慧峰、全俊睿、刘凡、江丽雯
建筑面积：650 ㎡
主要材料：伊朗灰大理石、木饰面、打砂黑色不锈钢
坐落地点：宜昌
完成时间：2017 年 9 月
摄　　影：谭冰

宜昌国际广场是宜昌地标建筑，派尚设计挖掘宜昌地域特色，将其雄伟壮丽的山水，古朴纯正文化提炼出来，通过当代艺术手法和东方美学意象来演绎，以象征性手法，营造了一个融山水、史诗与时代性为一体的艺术臻境。

步入接待厅迎面是一幅气势磅薄的书法画，朱红泼墨于大面积墨绿之上，极具现代感及反衬的效果，古朴与创新融汇。粗犷壮丽的书法形式，让三峡的山水与热情古朴的人文交融，牵引着观者沉浸在现实风光的默想过程。沙盘展示区以沉郁古朴的色调为基础，白色体块界面，辅以灯光营造出质朴而澄净，宁静而空明的意境，让视线聚焦在空间中心。洽谈区分为五个空间，以色调沉稳的书架和艺术屏风为分隔，营造尊贵私密的商谈氛围。屏风设计，以三峡大瀑布为原型进行演绎，将溪瀑的迭宕与奇美多姿写意其上，观之，飘飘然如袅如动，感之，仿佛听见飞瀑倾流之声。

每一个商谈空间无论内外都有入画景观。窗外，是烟波浩渺的长江，室内，以洽谈区视觉为造景原点，将水吧台、浮山装置、古筝区与浮雕艺术书法置放于同一轴线上，空间的纵深之间，一步一景，如同一幅长卷轴山水画，徐徐缓缓地展开。

1: 外景局部
2: 洽谈区外景
3: 接待厅

1: 沙盘展示区
2: 浮山装置
3: 古筝区
4: 浮雕艺术书法
5: 洗手台
6: 洽谈区

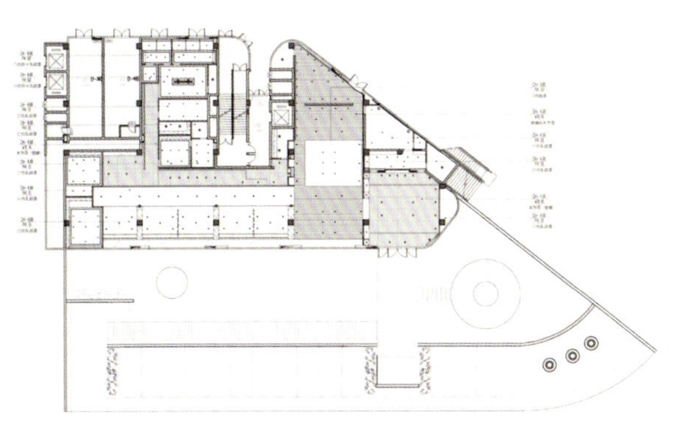

平面图

鳳起蘭庭

佛山凤起兰庭售楼处

FOSHAN FENGQILANTING SALES OFFICE

设计单位：孙文设计事务所
设计指导：孙洪涛
设 计 师：朱晓龙
建筑面积：818 ㎡
主要材料：镜面玫瑰金金属、雅士白大理石、秋香木直纹木饰面
坐落地点：佛山
完成时间：2018 年 6 月

项目位于顺德北滘新城，设计师结合江南诗意与岭南画意的文化特色，把人文生活的精髓融入到每个设计环节，探索传统文化与现代文化的连结纽带。设计师以白墙为纸，黛瓦做墨，用建筑绘就一幅岭南山水画。步入前厅，“凤起兰庭”四个字映入眼帘，展现的是东方人文的千古意志。《论语 · 雍也》：“ 智者乐水，仁者乐山。”用山水，光影，移步换景手法，以虚写实，形似自然，又超越自然，使人在静观自得的心灵状态下，感受新中式儒雅东方意境之美。

设计师运用开放式走廊等设计在保证功能性同时移景入室。木饰面颜色与大理石素色相结合，利用大面积留白和中式家具的简约相契合，搭配绿植盆景，形成一室静谧怡然。水吧台区，浑厚稳重的大理石与温润的金属格栅巧妙结合，长青松柏与山石相映成趣，再搭配山水纹绢装饰品等中式元素，烘托出人与自然相融的宁静场所。头顶的灯光设计融合山水之意趣，不仅是美的视觉冲击，更是艺术形式的展现。洽谈区，设计师通过对颜色精准把控，表达东方山水的“形”与“神”，实现了人、自然与建筑之间的三重呼应。

1: 前厅局部
2: 前厅
3: 接待区

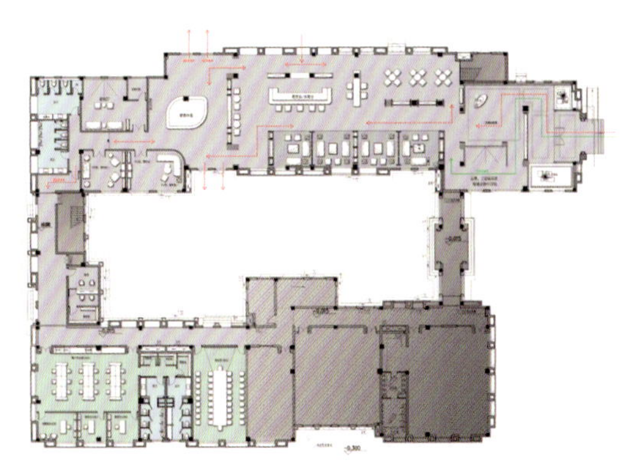

平面图

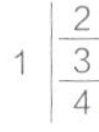

1 | 2 / 3 / 4

1: 水吧台
2: 洽谈区
3: 洽谈区
4: 贵宾室

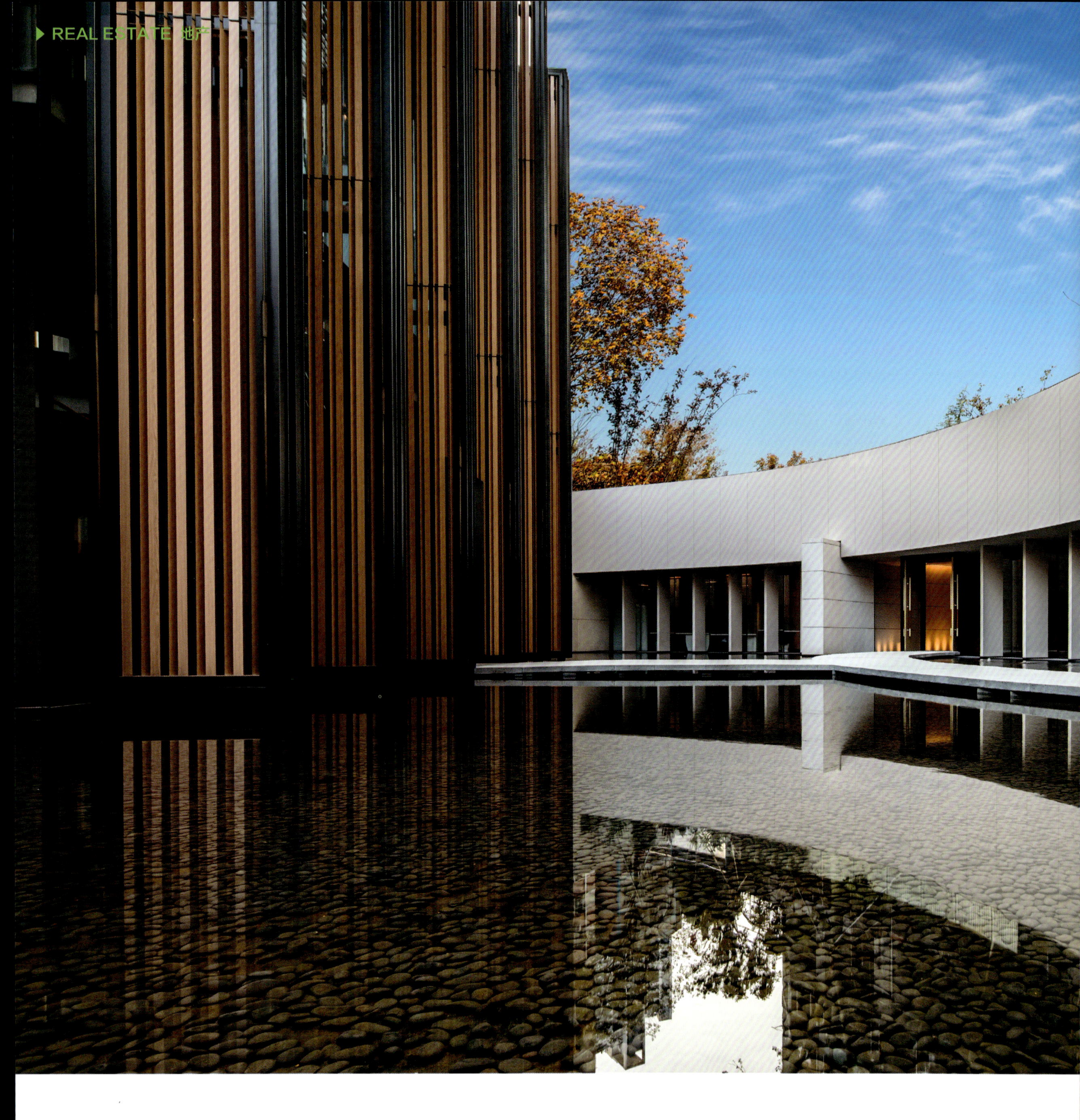

深圳中洲湾体验馆

SHENZHEN C FUTURE CITY EXPERIENCE CENTER

设计单位：CCD 香港郑中设计事务所
建筑面积：3000 ㎡
主要材料：砂岩石材、麻石、灰雅影木、石子、竹木格栅
坐落地点：深圳
完成时间：2018 年 4 月

中洲上沙，对年轻的深圳而言已足够独特，它是古老的滨海渔村，是伴随城市新生而起的城中村，是未来冉冉升起的中洲湾雏形。在这样地块上，我们始终依赖和终将追忆的价值是什么？一次次我们扪心自问，最终 CCD 将"渔村留痕"作为设计的起点。因而，设计从李白最为著名的浪漫主义诗篇《梦游天姥山吟留别》中获得灵感，"我欲因之梦吴越，一夜飞度镜湖月"和"洞天石扉，訇然中开"成为设计为室内营造的主要想象场景。原文是诗人自行探索和幻想出一方奇幻仙境，这也是设计希望中洲上沙营销体验馆存在的意义，虽然该空间前期作为公寓项目的营销中心，但同时也可用于为奋斗重心在深圳福田 CBD 的青年人开辟的脱离繁忙职场的、自我探索空间。

人们进入这个由首层开始的下沉式体验空间后，会在不同时间，不同角度，不同视域中看到庭院、天空和水体，这在某种程度上也是对中国古典园林的一种采样，朴实无华，留白想象。空间尺度的变化也追

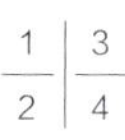

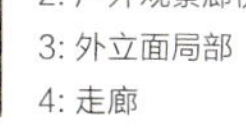

1: 庭院
2: 户外观景廊桥
3: 外立面局部
4: 走廊

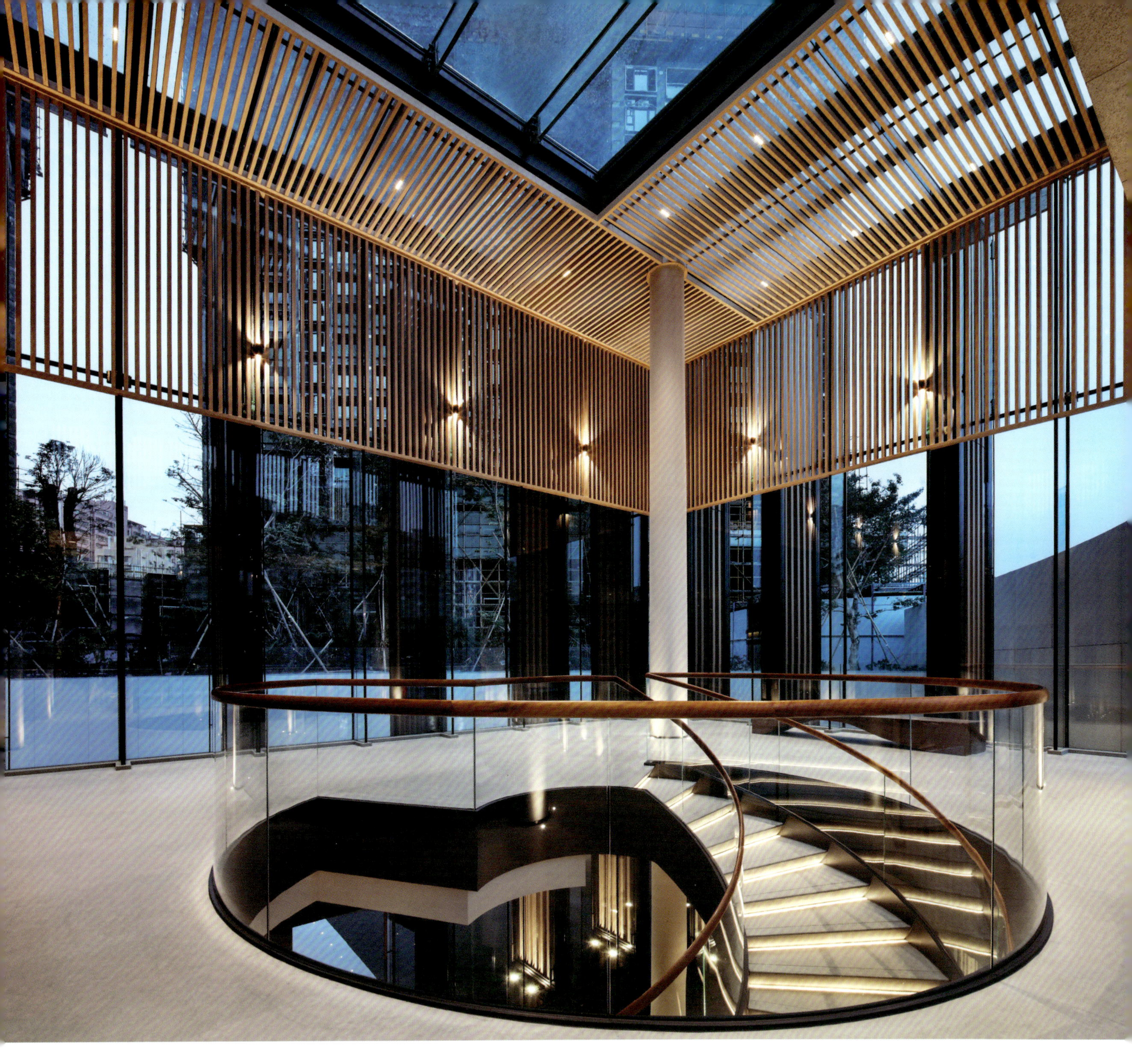

随这一逻辑：从地面首层到负一、负二层空间中的狭窄走道在一定程度上重现着过往古典园林大宅中的观景廊桥，在过道与过道之间、过道与户外园林之间、过道与内部各功能区之间，这些可观园林、可望云天、可赏内景的过渡带，它们是“线”的化身；下沉庭院、室外水塘、旋梯、室内各分区的造型、枯山水景观带的地灯、竹木沙发椅，以及多样材质的球形艺术品……均呈现着“弧”的形态；外立面多用灰白色石墙、竹木格栅与白玻，很好地体现了禅意和住居专案配套会所的静雅气韵。而地面层入口处高大的竹木格栅门扇、负一层区隔户外水体与室内的屏风片墙和室内米灰石墙等以软硬相间的“面”构建成了这座内蕴丰富的宁静馆舍，仿佛只有夜幕下的室内暖光与日间天光才是“启动”这方简单的“线－面－弧”组成空间内的灵动气氛。

1	3
2	4

1: 楼梯
2:B1 空间局部
3:B1 接待台
4:B1 沙盘模型区

设计师特意在负二到负一空间预留了真植栽种的空间，也是深圳上沙区域原有的一棵老榕树的化身，它是曾经的滨海渔村和城中村时期的记忆图腾。新的绿植从负二层“破土”而出，向上生长，成为人工构筑物中的一抹自然；同时绿植为原本功能不同的空间层带来了沟通的意趣。松、竹、石和水池的加入，为三层体验空间平添了不断生长的活力和趣味，也再次响应了整个设计的东方意味和地域本身的归属。

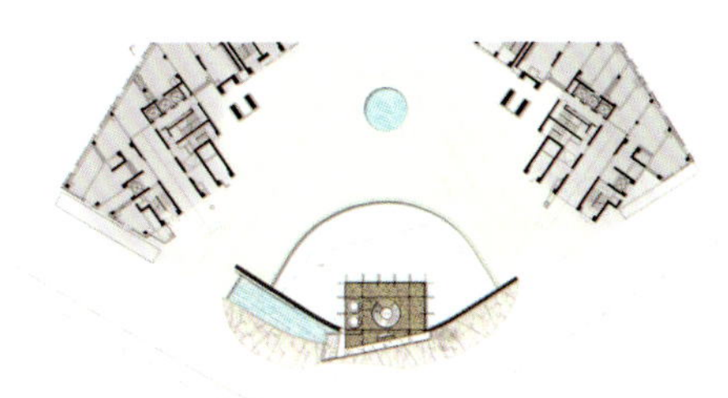

首层平面图

1 | 3
2 | 4

1:B1 弧形走道
2:B1 洽谈区
3:B1 弧形走道
4:B1 走道两边枯山水景观带地灯

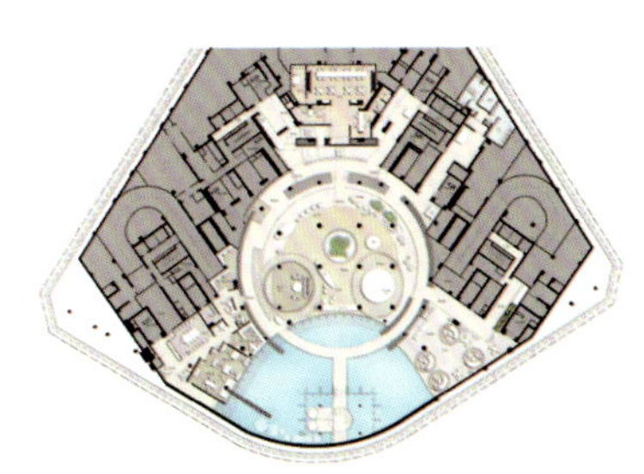

负一层平面图

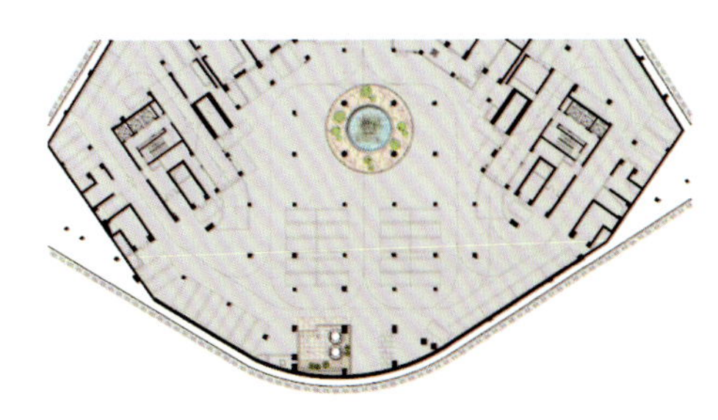

负二层平面图

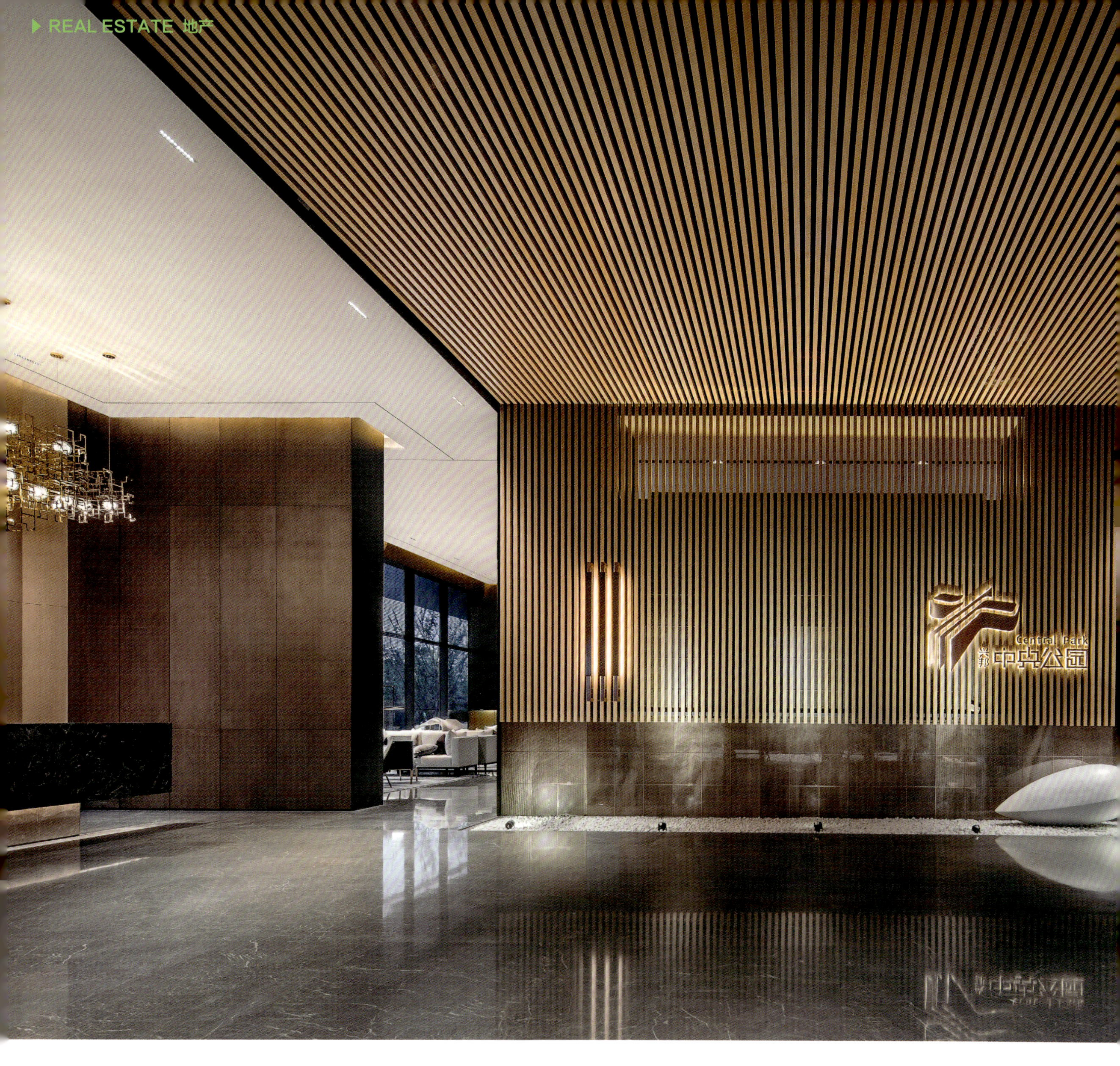

兴邦中央公园营销中心

XINGBANG CENTRAL PARK SALES OFFICE

设计单位：RWD 黄志达设计师有限公司
建筑面积：3160 ㎡
主要材料：圣保罗灰大理石、文化石、木饰面、墙纸
坐落地点：江苏盐城
完成时间：2018 年 4 月
摄　　影：彦铭

1: 接待处
2: 沙盘模型区
3: 建筑外部

设计本案之初，RWD 团队融入对大自然的向往，致力打造一个适合高端客群营销中心，让人们在质量基底上感受细节质量。设计师决意延伸建筑外观到室内，整体空间铺上圣保罗灰大理石，四周以木质百叶窗为帘，最大限度将自然光感及环境景观引入室内。设计提倡回归生活初衷，为空间作减法，以精简线条结构展示空间简洁精致。

接待区主背景墙以木格栅来丰富空间，将山的形态抽象化置于其上，鱼米之乡的“米”摇身一变成为艺术装置。蒲公英工艺吊灯悬挂于接待台之上，光影互动间相映成趣。双通道无形中增加了仪式感，书吧区及洽谈区分列空间两侧，将最佳观景位收入囊中。中空区以大型书架作为主体划分空间，实现各区域之间交集互动。书架形成纵深感，同时扩张空间体量感。圆台上的钢琴与吊灯遥相呼应，于浩瀚书海内静中取闹，颇具趣味。区域沙盘摒弃常规模式采用手工木作定制沙盘，转折间将“木”的元素运用到极致。模拟沙盘天花处将天空引景入室，仿造中央公园之境，塑造理想观摩情境。

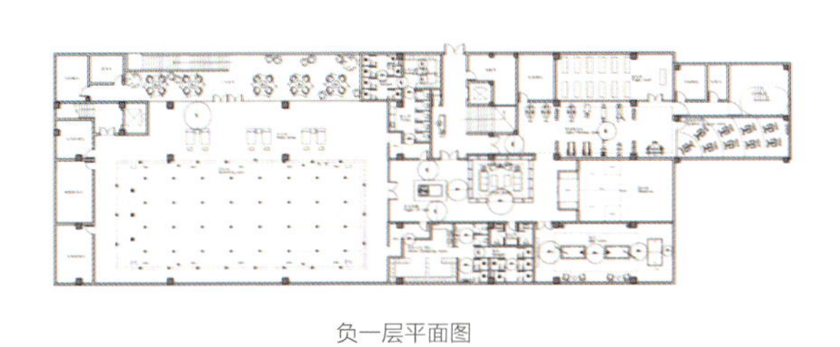

负一层平面图

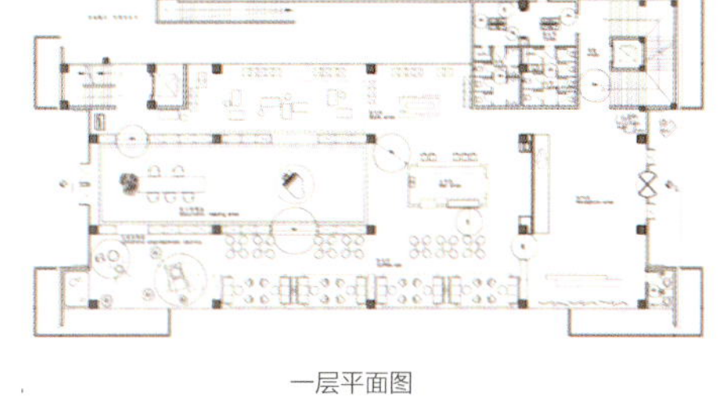

一层平面图

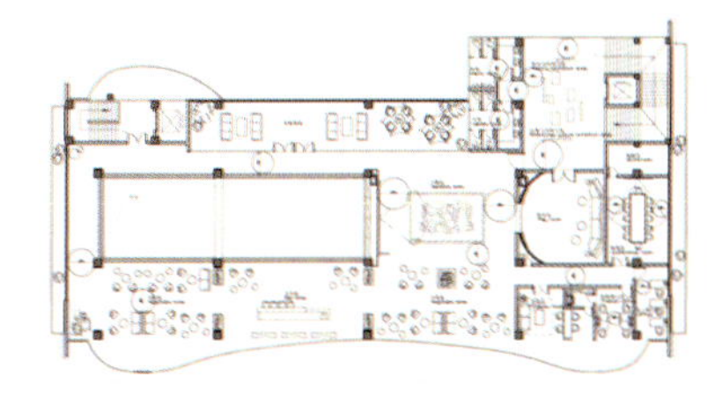

二层平面图

1 | 3
2 | 4

1: 中空区域与洽谈区
2: 中空区大型书架
3: 酒窖
4: 水吧台

1 | 4
2 3

1: 一层挑高中央大堂
2: 一层挑空大堂
3: 汲取苏式园林门洞幽玄之意境
4: 海螺形结构铜铸主楼梯

苏州世茂铜雀台售楼处

SUZHOU SHIMAO TONGQUETAI SALES OFFICE

设计单位：IADC 涞澳设计
主创设计：张成喆
设计团队：路明鑫、唐韫慧、陈志强
建筑面积：1433 ㎡
坐落地点：苏州
完成时间：2018 年 6 月
摄　　影：朱海

一层主入口挑高中央大厅，古铜色塑造的金属几何线条、水墨痕的灰色理石，灰咖色实木有节奏的纵横，编织出纹理丰富的立面。而立面则是一个连绵不断的平面，多重材质之间的转换交替通过不同肌理一致的方向性达成统一，接待、陈列等辅助功能区域则在这些立面之后铺陈展开。用丰富的透明性表达空间关系也延续到了这些不同的立面——借助八条屏式的全景高窗设计，建筑外部的竹林景观成为室内中央核心区的背景图，而功能性立面则透露出更隐约、含蓄的朦胧之美。

顺着铜铸主楼梯继续向下，三面落地书架围合而成半私密的藏书及阅读空间，主楼梯作为一个被放大的海螺形结构，沟通上下，为地下引入自然光线的同时，亦可被解读为是对自然居所的内向的诗学隐喻。设计师张成喆钟爱意大利建筑师卡洛·斯卡帕（Carlo Scarpa）的作品精神，他相信空间的魅力正源于这些细节的力量。法国作家茹尔·瓦莱斯 (Jules

Valles) 曾说："空间总是让我沉静下来。"张成喆同样认为："空间，应当给予人宁静的思考。"宁静的空间往往给人以美妙和谐的时间感。汲取苏式园林门洞幽玄之意境，妙用于此，层次递进，景中置景，又如一轮皎洁明月，在与灯光的互相作用下投射映衬出清冽且不失柔美的灵光妙影，与空中流水的满目倩影，营造出极具空灵之感。

另一种进入空间的方式则是由地面沿着细仄的透光混凝土匣子拾级而下，参观的仪式感借以从中体现。明亮的光线在此时转成了黯淡，但可见两侧清晰的书圣笔墨，借以遥想当年的"茂林修竹"与"清流湍激"。至负一层即抵达洽谈、展示、办公等功能区域，在这里布局的方式从中国传统造园方式中汲取灵感：偏径婉转、步移景异，月洞门与水景、置石、旋转楼梯皆形成多重对景关系。

与一楼空间内与外的处理手法相呼应，墙体在多媒体灯光装置的表现下化为一幅竹影清风图卷，间或又是绿竹猗猗，在原有封闭建筑空间里不时地出现，如同开启了一扇又一扇通向外部世界的意象之窗。水，代表时间，水，是媒介，沟通着各个功能空间。悬浮的透光玻璃装置对水捉摸不定的形态进行捕捉，它们从真实的水景中升起，在半空中形成镜像四散开去，在这些凝固的水滴指引下，观者的时间叠加最终形成空间中的行走序列。

1 | 2 | 3/4
5

1: 地下室水景区局部
2: 地下室走道
3: 地下室 VIP
4: 地下室中庭
5: 水景

1 | 2
3

1: 起居室
2: 入口局部
3: 起居室电视背景墙

万科北河沿甲柒拾柒号院样板房

VANKE BEIHE YANJIA NO.77 YARD

设计单位：北京集美组
主创设计：梁建国、蔡文齐
建筑面积：395 ㎡
坐落地点：北京
完成时间：2018 年

故宫御花园，古木繁花，亭台楼阁，青翠点缀着山石，山石掩映着红墙，一角一隅浓浓的东方韵味。如今，我们将传统园林里的中国美学、人文价值、生活方式与审美情趣进行了提炼与转化，找到属于中国人的精神基因和生活态度，并在当代人居空间中得以体现，打造一座萃取东方人文精髓于现代的宅邸——空中御花园。

中国的哲学智慧，集中体现在一个“和”字，万物“调和”的法则深浸着中国文化的底蕴。此时的“空中御花园”，将中国传统艺术基因植入到当代生活空间当中，功能空间之间淡化边界，面貌自由，大景颐情，小景识趣，用一种现在的手法描绘绝尘拔俗的意韵，将“御花园”的文化意境进行了至臻表现，衍化无尽，蕴含无穷，完成当代生活环境下更深远而持久的意义，用一种娓娓而叙的方式，讲述一个融和怡荡的故事。

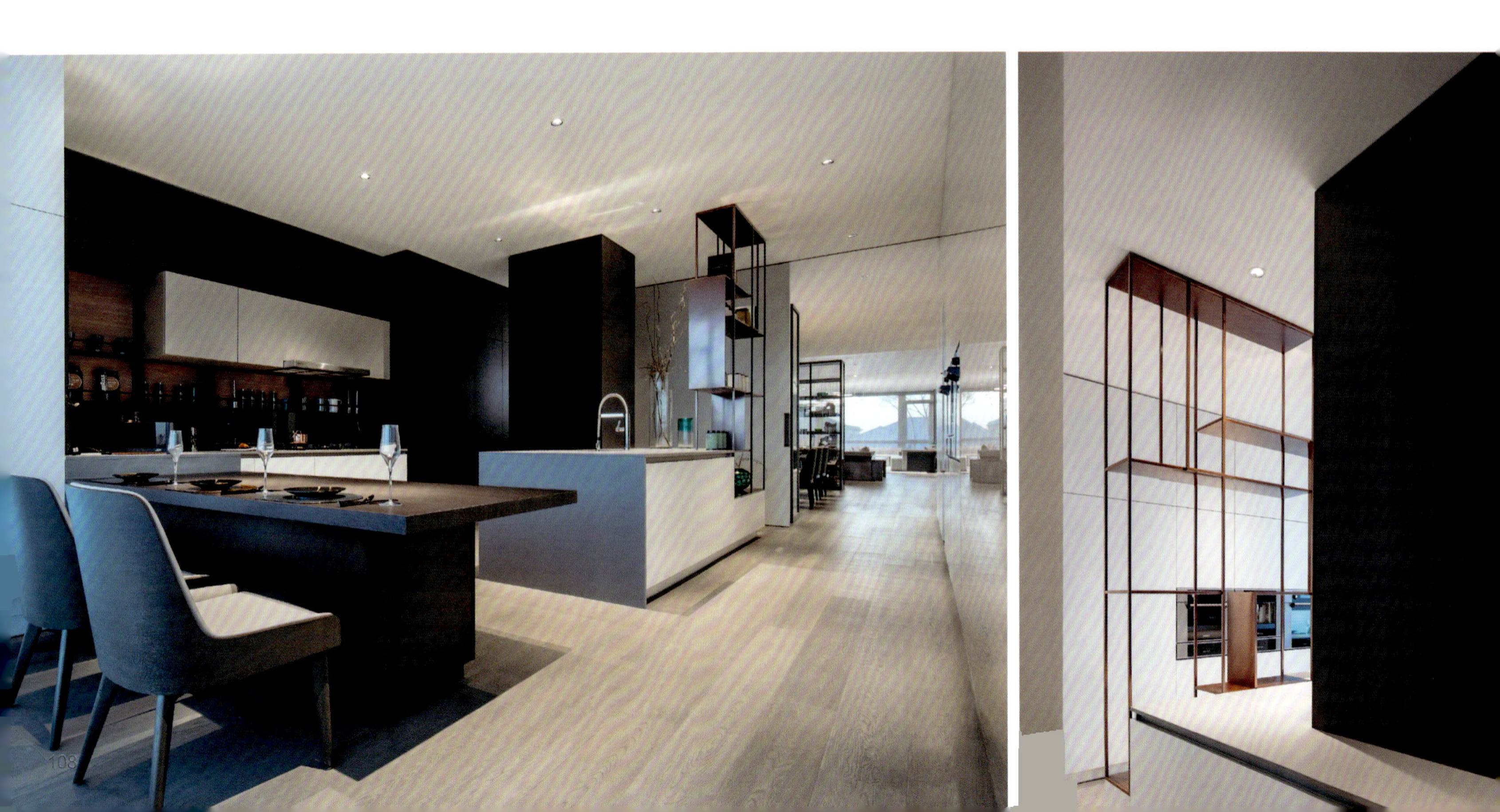

1	4
2 3	5

1: 餐厅
2: 半开敞厨房
3: 厨房细节
4: 书房
5: 书房 – 开门

1 | 4
2|3|5|6

1: 主卧
2: 主卧卫生间
3: 主卧细节
4: 次主卧
5: 主卧书桌局部
6: 主卧入口步入式衣帽间

九唐酌月样板房

JIU TANG ZHUO YUE SAMPLE HOUSE

设计单位：上海飞视装饰设计工程有限公司
设计团队：张力、陈邵云、赵静、王佳元
建筑面积：128 m²
主要材料：兰金莎大理石、手绘壁纸、蚀刻面古铜不锈钢
坐落地点：浙江宁波
完成时间：2017 年 9 月
摄　　影：张静

本案坐落于宁波东钱湖旅游度假区，西南依山，东北面湖，湖面开阔，景色绝佳，拥有不可复制的一线湖景，地理位置得天独厚。秉承“一山一水一世家”的设计理念，打造“一线临湖，领袖山水，别墅群落”。

设计师尝试从中式院落中寻找一种属于现代的情感，将人和空间创造关系，给予人们的观感和体验是独特的，产生亲近感受；内与外的关系、建筑与自然的关系、传统与当代的关系，而这系列性关系却是围绕着提升人们的环境体验而展开的。设计希望抛开一切形式和标签表象，将传统文化融入到当代中，传统元素的精湛提炼将自然之美与人文之美完全融合，在繁华都市下寻找一份宁静。

将院落的硬山顶建筑形式延伸至室内，五脊二坡，在传统和现代之间，寻得二者平衡。安宁朴素的自然美感在木与石材的碰撞下激发新的感官，呈现出空间中细微感动，笔墨深浅，寂寥无声，勾勒出悠闲的山水意境。东钱湖的“静”与“净”，让人沉浸于“深林人不知，明月来相照”的小隐生活，结合开放式庭院，内外合一，回到空间的本质，创造出一个返璞归真的美。

1 | 2 / 3

1: 客厅
2: 庭院
3: 客厅局部

1	3
2	4

1: 客厅局部
2: 厨房
3: 卧室
4: 卧室

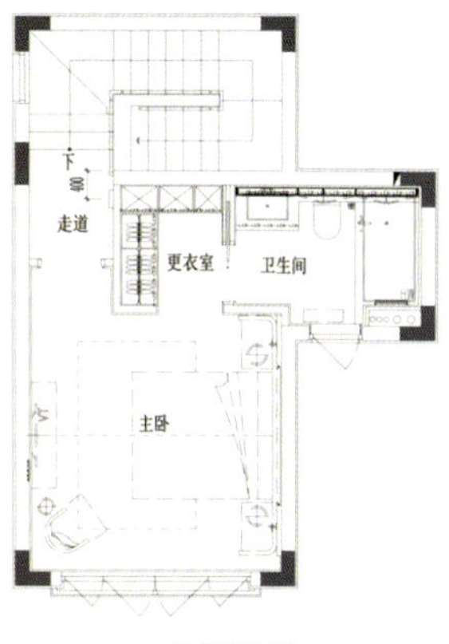

二层平面图

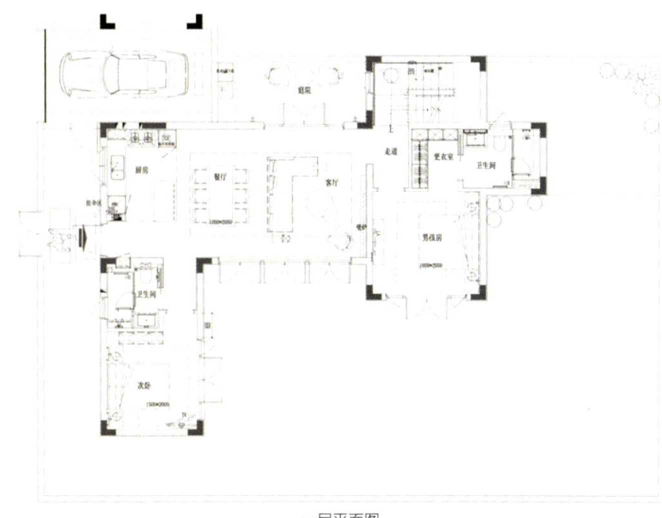

一层平面图

梵天梵悦万国府 A 户型样板房

FANTIAN FANYUE GLOBAL MANSION

室内设计：于舍
软装设计：LSDCASA
建筑面积：299 ㎡
坐落地点：北京

梵悦 · 万国府位于北京第二使馆区，是梵天地产继梵悦 108 之后又一次问鼎当代生活方式的巨著，来自日本的景观大师户田芳树为其打造了“葱郁的乐园”主题园林，在城市中心营造都市人的山水梦。当问到对这个项目的期待时，梵天认为他们的客群是有强烈审美个性的一群人，他们希望能够刷新 LSD 的所有作品，而我们认为生活不是复制，没有完全一样的人，就不该有两个一样的空间。我们的设计由此开始。

平面图

1: 客餐厅
2: 厨房
3: 客厅
4: 餐厅

1	3
2	4

1: 主卧
2: 书房
3: 卧室细节
4: 卫生间局部

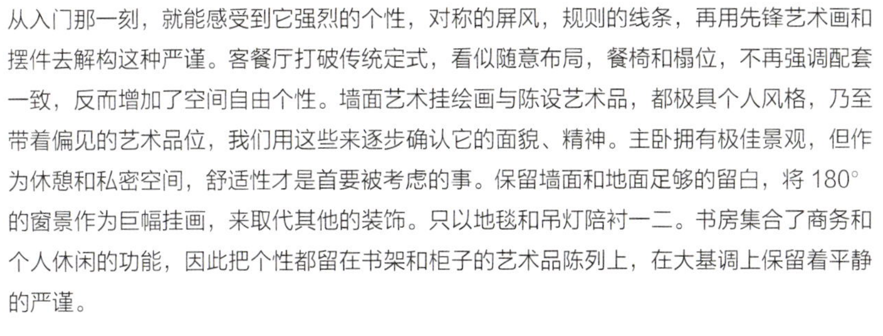

从入门那一刻，就能感受到它强烈的个性，对称的屏风，规则的线条，再用先锋艺术画和摆件去解构这种严谨。客餐厅打破传统定式，看似随意布局，餐椅和榻位，不再强调配套一致，反而增加了空间自由个性。墙面艺术挂绘画与陈设艺术品，都极具个人风格，乃至带着偏见的艺术品位，我们用这些来逐步确认它的面貌、精神。主卧拥有极佳景观，但作为休憩和私密空间，舒适性才是首要被考虑的事。保留墙面和地面足够的留白，将 180° 的窗景作为巨幅挂画，来取代其他的装饰。只以地毯和吊灯陪衬一二。书房集合了商务和个人休闲的功能，因此把个性都留在书架和柜子的艺术品陈列上，在大基调上保留着平静的严谨。

华夏天璟湾别墅样板房

HUAXIA TIANJING BAY VILLA SHOW ROOM

设计单位：PINKI DESIGN
创意总监：刘卫军
设 计 师：陈春龙、罗胜文
建筑面积：818 ㎡
坐落地点：云南昆明
完成时间：2017 年
摄　　影：形界空间摄影

1 | 2/3

1: 一层家宴厅
2: 夹层茶室
3: 多功能活动区

华夏地产位于云南昆明，是一家已经形成集高端住宅、城市商业综合体、商务办公、酒店开发为一体的复合型精品开发企业。这次天璟湾项目，客户的期望值和定位较高，当时我们考虑到整个项目需求的特点，所以想用匠心独运的理念融入到整个项目，希望通过天璟湾这个产品传导未来针对品味值的客户，做了一种新的居家体验。这个项目做了很多细节的考量，这些细节不是为了别人看到和摸到，而且希望在生活的体验中感受到一份用心。我们的传导代表甲方给到业主的一份用心，来提升我们业主对产品的认可和用心。正是这样一个出发点，所以说从功能、工艺和细节这几方面去下功夫让业主能够感受到天璟湾的“匠心独运”。项目选材上首先满足空间的调性和统一性，材料质感温和，更接近人的生活性情。氛围营造顺其自然，摈弃过多形式感与阵列感，更亲近人的生活习惯。色彩方面多运用中性色，少量冷色，更符合谦和的生活状态。

1 | 2/3 | 4/5

1: 负一层泡池
2: 负一层品鉴区
3: 负一层养生区局部
4: 三层主卧
5: 三层主卫

三层平面图

二层平面图

夹层平面图

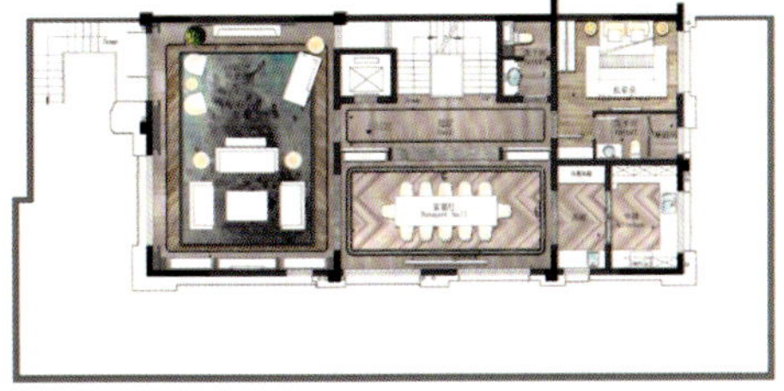

一层平面图

负一层平面图

金地团泊湖镇项目示范区联排

JINDI TUANBO HUZHEN PROJECT

设计单位：北京意地筑作装饰设计有限公司
设 计 师：连志明 、徐辉
建筑面积：130 ㎡
主要材料：金典蓝爵大理石、不锈钢镀黄铜、素色仿真丝壁纸
坐落地点：天津
完成时间：2017 年 8 月
摄　　影：高寒

将自然与文化的元素打破，重组，除了爱护自然，纤细优美的感性，还有身处自然之中生动活泼的创造力。新中式和北欧风是时下很受大众欢迎的两种设计风格，我们将东方美学和北欧简约混搭，设计的精彩之处在于空间的中式留白和北欧的自然质朴完美融合。

设计师以项目周围环境为灵感源泉，围绕自然为切入点，体现空间度假感、自然感、东方感，在空间的组织、视觉感受、生活方式上契合了客户的需求。一层客厅与餐厅空间完全开敞，中间楼梯栏杆采用水纹夹丝玻璃处理，通透度进一步加强，另外充分利用大落地窗，让室外景色成为室内一幅最美画面。餐厅区化散为整，餐桌与西厨岛台融为一体，酒柜与书柜功能融合。在北侧设计了一个泡池区域，让地域性温泉融入到房子里。

陈设上采用新与旧混搭，自然的北欧家具、新中式家具与古老的中式屏风、食盒柜形成历史的交融，散发出和谐自然的气息。二层延续一层自然主题，功能上满足主人和孩子居住功能，植入一些休闲度假、自然的功能，主卧室的长榻，独立的浴缸区，森林主题的男孩房，与室外大自然遥相呼应，浑然一体。

1 | 2 / 3

1: 小院
2: 茶室
3: 泡池区

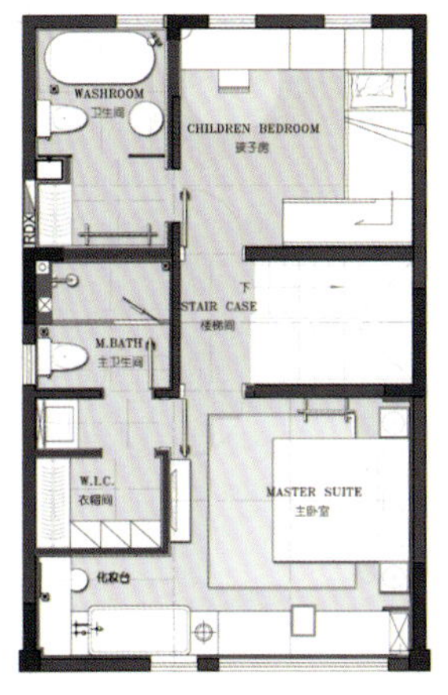

二层平面图

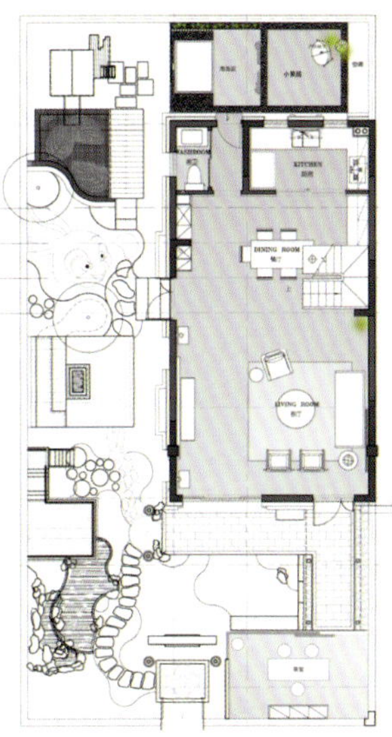

一层平面图

1 | 4
2 | 3 | 5

1: 客厅
2: 餐厅
3: 客厅局部
4: 儿童房
5: 卧室

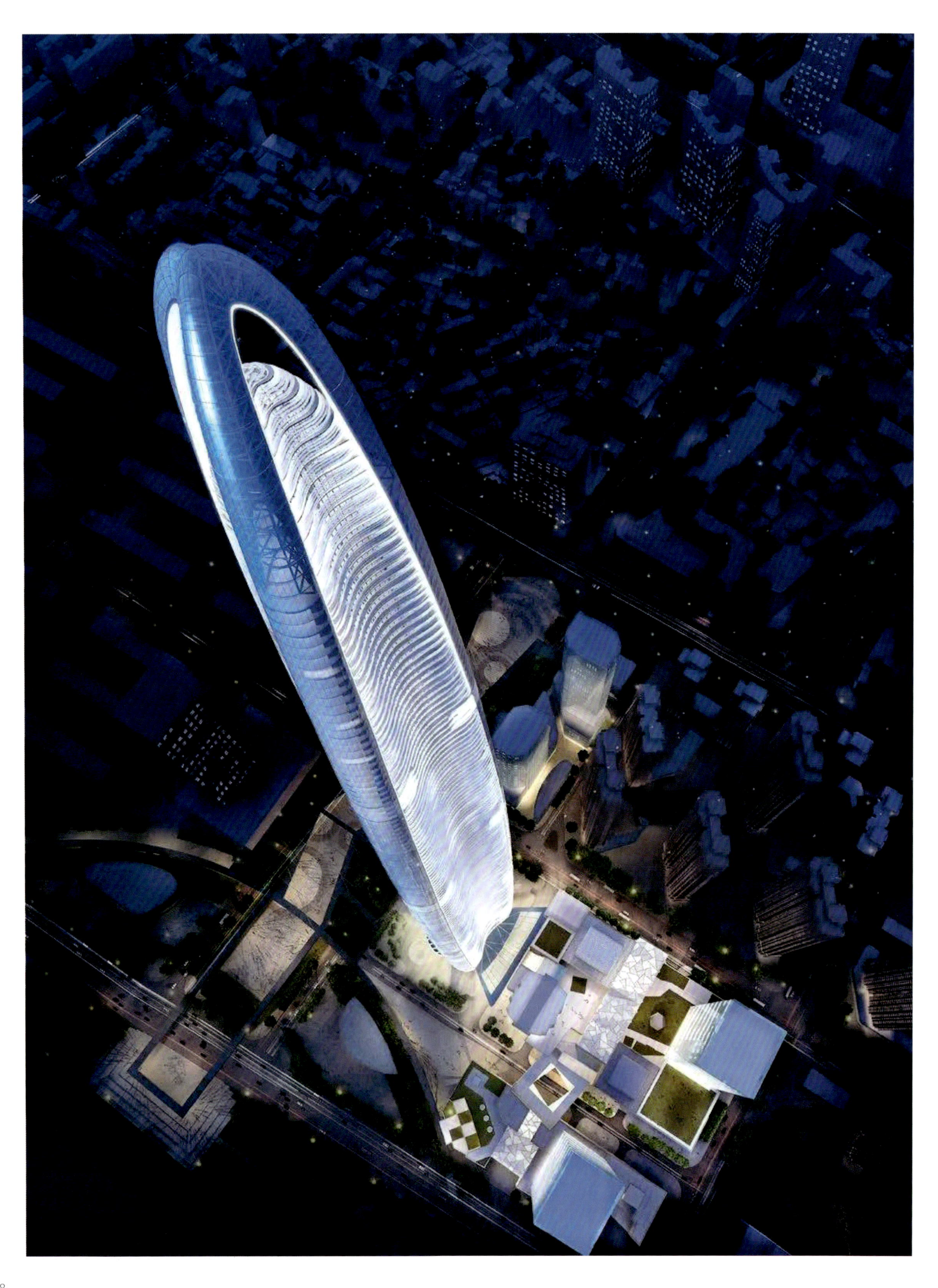

云端总裁公馆

YUN DUAN PRESIDENT MANSION

设计单位：CCD 香港郑中设计事务所
建筑面积：9B 户型（76~80F）324 ㎡、6B 户型（81~85F）558 ㎡
主要材料：玻璃幕墙、地毯、艺术品
坐落地点：湖北武汉
完成时间：2018 年
摄　　影：CCD 香港郑中设计事务所

武汉绿地中心是武汉市一座超高层地标式摩天大楼，设计高度 636 米，由曾主持设计迪拜塔、上海金茂大厦等多个世界著名超高层的建筑设计团队——美国 AS+GG 建筑设计事务所设计建造；其中 一层抵达大堂、66 层 空中大堂、行政酒廊及多功能厅、11 层接待区以及 76~85 层总裁公馆的室内设计由 CCD 香港郑中设计事务所完成。该项目位于武昌滨江商务区核心区，建成后将成为一个集超五星级酒店、高档商场、顶级写字楼和公寓等于一体的超高层城市综合体。

1: 建筑效果图
2: 公区休息区
3: 公区接待空间

1 | 3
2 | 4

1:9B 76~80F 会客厅
2:9B 76~80F 会客厅
3:9B 76~80F 餐厅
4:9B 76~80F 卧室

从项目整体的室内设计理念延续而来，以现代建筑外壳下的“亭台与回廊”作为该区域的设计理想：将接待入口、休息区、洽谈区、艺术空间、样板间通道等多个功能区域设计成东方古典院落中的场景，好似悠远的住居情境融于高山流水之间。设计师在入口处划分出独立前厅接待空间，将通往不同样板间的通道设计为亭台回廊，一路上以艺术品与装置小景观重现古代的竹林小径，引导宾客入口缓缓步入，如同中国古代若有客来访，主人定当引领穿过三进院落下榻至厢房。休息区座位疏密分布，有的布置在朝向落地窗景前，可直面长江天幕，阳光透过玻璃幕墙投射在大地色的地毯上形成斑驳若树阴的疏影。

1 | 2 / 3

1:6B 81~85F 会客厅
2:6B 81~85F 客餐厅
3:6B 81~85F 卧室

以中国古琴曲《高山流水》中两句“峨峨兮若泰山，洋洋兮若江河”作为公寓样板间的设计主题，借用“昔伯牙鼓琴，子期能知其曲中高山流水之意，两人遂结成知音”的典故，在空间中展现山环水绕、情意相通的融融之情境。空间明暗、开阖的节奏也是项目的关键之一。在设计师看来，这种空间和氛围的变化是中国传统空间最具魅力的地方。因此，设计营造出来的空间序列在天然光和人工光之间交替；空间的明暗也跟随天然光和人工光的交替而变化；与之同步，视线的通透、封闭、半通透也在这个过程中被精心安排。人们进入这里，在不同的时间，不同的角度，会看到古典“院落围合”的重现和仿若听见古曲“高山流水“的契合，这在某种程度上也是对时间和空间的经典致敬。

1
2

1: 客厅
2: 过道

三亚海棠华著别墅样板间

SANYA HAITANG HUAZHU VILLA SHOW ROOM

设计单位：新加坡 FW.GID 国际设计
主创设计：曾建龙、Gwen
参与设计：王克创、曾丽玉、Jane .W
软装设计：上海乐尚设计
建筑面积：510 ㎡
主要材料：大理石、木材、布艺、皮革
坐落地点：海南三亚
完成时间：2017 年 11 月
摄　　影：董文凯

海棠华著位于三亚海棠湾国家海岸，是实地地产进驻三亚重点项目。作为三亚最后的一线临海别墅社区，其深挖当代海岛旅居人群需求，结合海岛特点，从建筑的总体规划到空间定位，均延续东方合院布局形态，呈现高品质度假社区。C 户型采用东方“五进宅”布局形态，曲径通幽、步移景异，庭院与建筑相辅相成，展大宅之气魄。

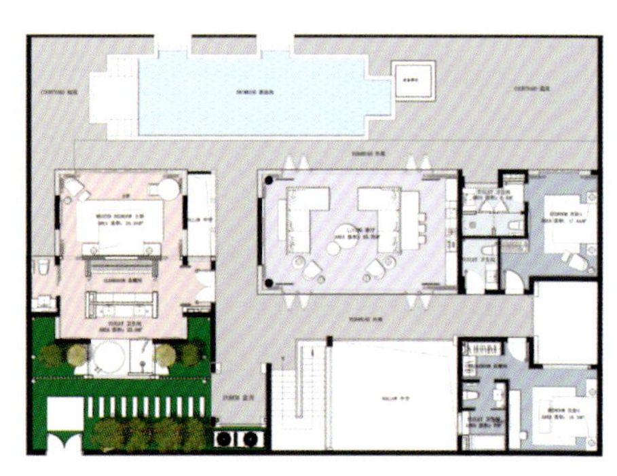

一层平面图

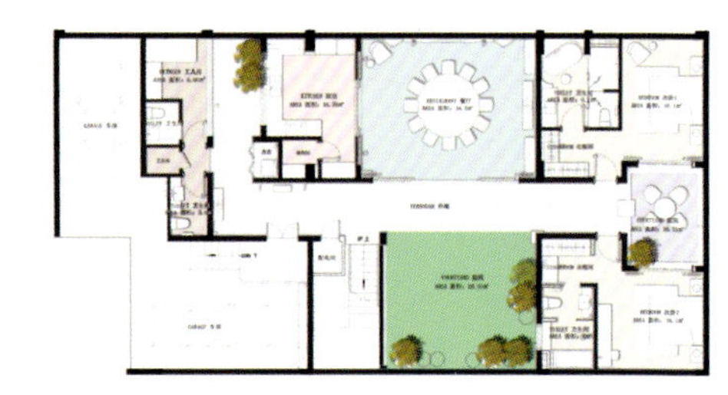

负一层平面图

1 | 3 | 4
2 | | 5

1: 过道
2: 客卧
3: 空间局部
4: 餐厅
5: 主卧

设计师将庭院中的动态自然美学延伸至室内空间，模糊“室内”与“室外”的界定，通过玻璃移门，营造全景通透的视觉体验。素白、雅灰是会客空间全部色彩，品质的呈现在于对质地、细节、氛围的精准把控。干净利落的梯形吊顶，更加凸显了大宅的仪式感，与灰色的大理石墙面共同谱写了一派铅华洗净。位于项目负一层的餐厨与庭院相连，简约别致的玻璃大门有框景作用，窗外庭院的景致犹如一幅会生长的“无心画”，让素雅的餐厅更添些许鲜活色彩。所谓的“东方韵味”自古就有一种“泼墨山水”的诗意之美。特质的黑白山水纹大理石与深色条纹不锈钢景墙，无处不透露出水墨东方的清雅与灵秀。卧室亦是东方人文的演变与糅合，在保证私密性的同时，设计师为其注入“生活的情境”。干净利落的线条，静谧的灰、素简的白，巧妙地表达了“知进退、明舍得”的东方智慧，使生活的实用性和对传统文化的追求同时得到了满足。

贵阳保利三千郡——罗绮香

GUIYANG BAOLI THREE THOUSAND COUNTY

设计单位：上海海华设计公司
主创设计：李楠
参与设计：杜宏涛
建筑面积：310 ㎡
坐落地点：贵州贵阳
完成时间：2018 年

从事婚纱设计的女主人，家里有着自己的工作室，能够接待客户，有更多的时间陪伴家人与孩子。整栋居所将工作和生活的空间有机结合，是一个自由职业者理想型的住所，也让女主人有更多时间陪伴孩子。摒弃传统繁复的欧式风格，空间整体简洁大气，细节处精致优雅的欧式线条，丰富了空间的层次和深度。在高雅的白色、金色、灰色大环境基础上融入稍许低饱和度的粉色和蓝色，打造出一个浪漫的梦境。设计师便是造梦之人，婚纱设计是造一个爱情的梦，而室内设计则是造一个生活的梦。本案不仅传达了女主人的美学理念，更是给她的客户一个爱情之梦，给她的家庭一个生活之梦。

1：一层工作室局部
2：一层书房
3：一层工作室

1|2|3/4|5

1:B1 层起居室挑空开放设计
2:B1 书吧迷你吧
3:B1 餐厅敞开式西厨与餐桌连为一体
4: 二层卧室
5: 二层卧室小景

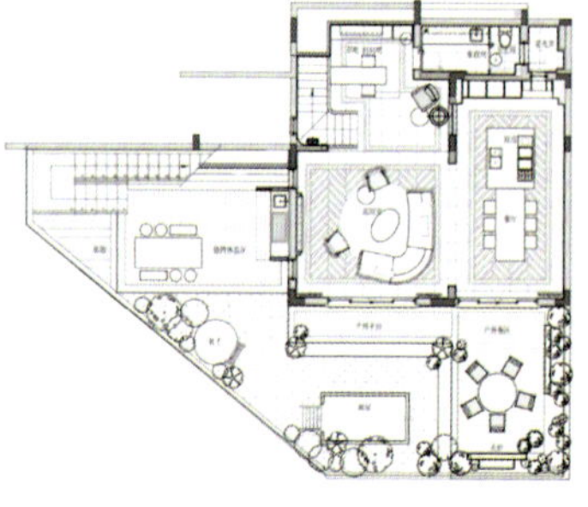

负一层平面图

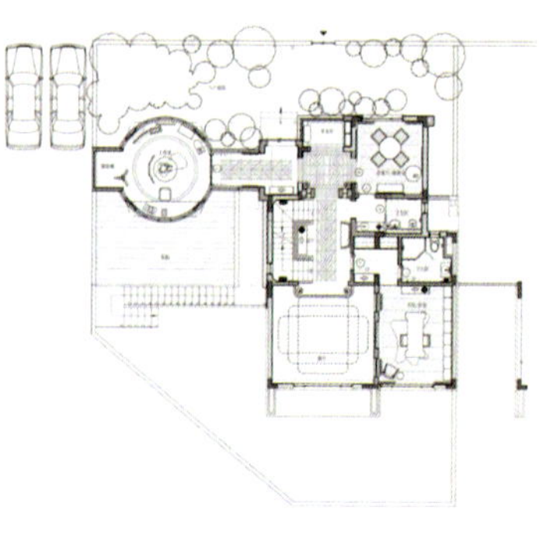

一层平面图

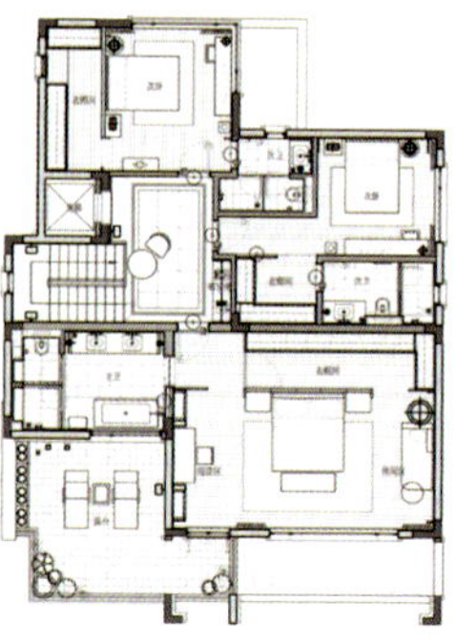

二层平面图

华皓亚龙府王府合院

HUAHAO YALONG PALACE ROYAL COURT

设计单位：广州本则设计有限公司
主创设计：梁智德
软装设计：本则设计
建筑面积：1800 ㎡
坐落地点：海南 三亚
完成时间：2017 年 10 月

华皓亚龙府位于亚龙湾畔亚龙谷腹地，是一个占地 400 余亩，集中式合院、度假公寓、温泉酒店、风情商街、休闲娱乐配套于一体的文旅地产项目。设计以千年合院文化为精神蓝本，古建新制，充分利用现代科技，既保留中国古建韵律，又拥有现代居住空间的舒适度，打造适合华人的奢养生活新模式。在王府合院，建筑雄健的水平线，昂扬的气度，落在均衡稳重的结构上，是端正的方与曲动的圆的综合。室内设计延续建筑的形制，在衍脉传统中式的基础之上，在方正规矩中，把实用与幻想结合，把器物与观念结合，把造型与美结合，把动与静结合，兼容并蓄，以稳定的水准，在艺术世界中调整万象，曲动飞扬中调和出情感的极致。

一方面，设计师谨慎而敏感，从理性人文精神的均衡与安定出发，在自然中创造，将日月星辰的光影，层峦叠嶂的绿意，把四季的繁茂、丰硕和旺盛的生命力纳入其中，在规矩、整体与稳重之间，于端庄的造型和均衡的形制贯穿，唤醒观者对于“传统”微微的律动。另一方面，是设计师神秘而大胆的幻想，热烈的色彩，荡溢着激扬的浪漫精神，仿佛透过久远的年代，以狂烈的姿态复活了古老的中国。绵延起伏的峰层，莹润斑驳的玉石，夭矫蜿蜒的书法，缥缈空灵的山水画，精细地雕琢，让美从历史的浮华中生举出来，通过繁丽激情唤起人们对“美”的感知。

1 | 2

1: 入口
2: 庭院

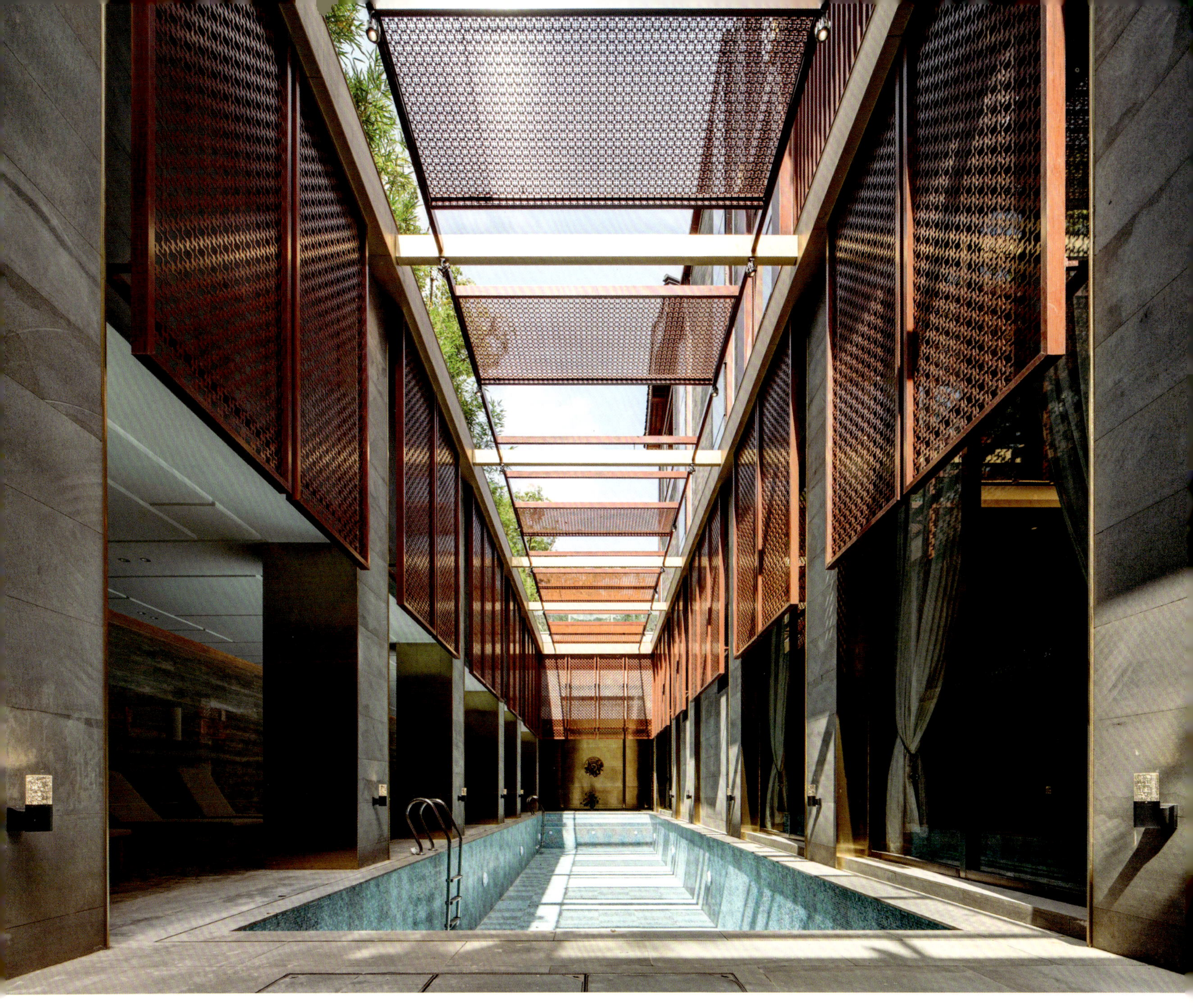

1: 过厅
2: 一层车库入口
3: 游泳池

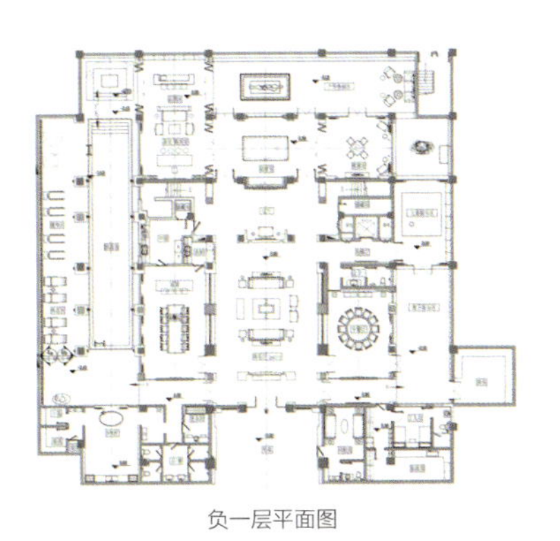

负一层平面图

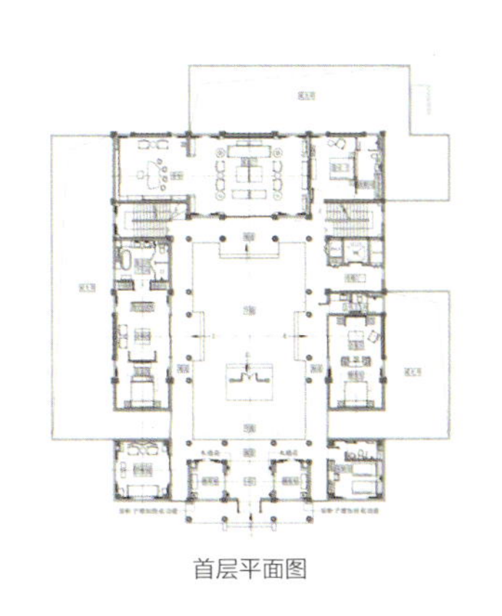

首层平面图

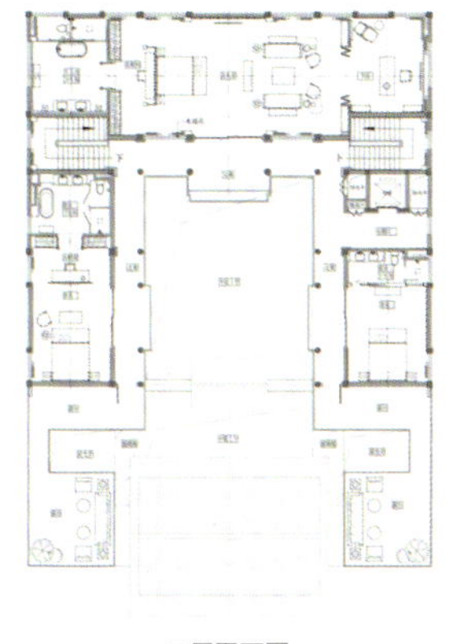

二层平面图

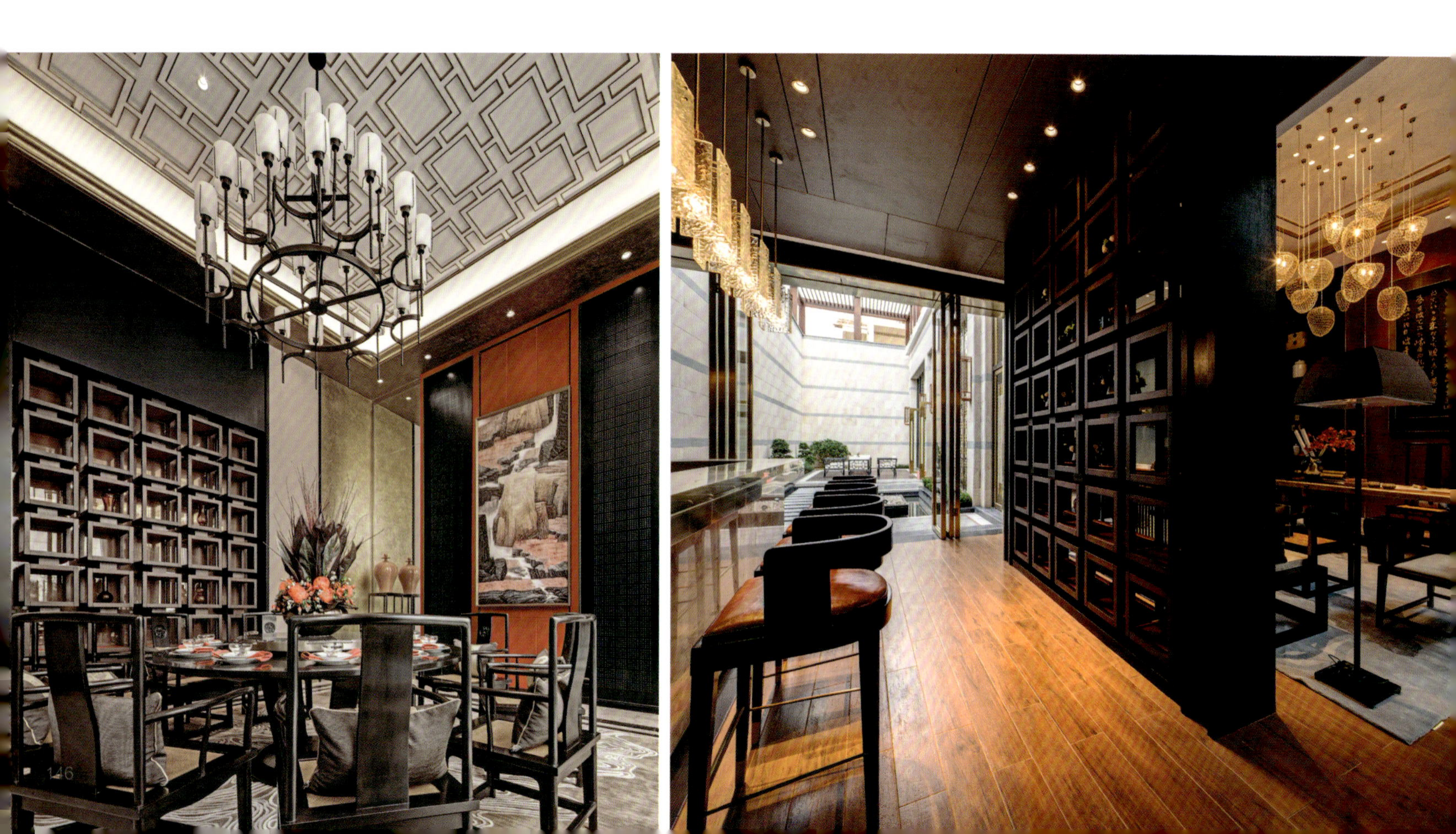

1
2|3 | 4

1: 套房
2: 中餐厅
3: 书法室过道
4: 卧室

西安华海别墅样板房

XI' AN HUAHAI VILLA SHOW ROOM

设计单位：J&A 杰恩设计
建筑面积：1119 ㎡
主要材料：葡萄牙砂岩、布拉格灰、玛瑙玉、蓝钻玉
坐落地点：西安
完成时间：2017 年
摄　　影：Greatimages

西安华海别墅，作为半坡湖集团倾力打造的别墅豪宅 TOP 系列，依托“欧亚经济论坛”永久会址所在地的浐灞生态区，充分利用浐河、灞河，广运潭生态湿地等自然景观资源的地域优势，构建滨水生态，打造具有人文内涵的人居环境。

项目本身沿袭了中国人讲究的“有湖有园、有天有地、有庭有院”的建筑格局，打造园林式别墅区，以别墅住宅为主，配套五星级酒店及高端会所。设计以古城西安深厚文化为根基，通过传统元素提炼、融合并赋予其现代化空间表达，打造具有汉唐文化内涵的私家花园府邸，犹如向世人缓缓展开一幅浓墨淡彩、意蕴悠长的美好画卷。空间分布上对原有户型进行了功能优化。沿湖一侧，原家庭厅正对楼梯，位置不佳，且临湖景观被很大程度遮挡。通过户型优化后的家庭厅位于西餐厅前方，可直接观赏庭院景观及湖景，空间也更加开敞通透；与此同时，原本逼仄的楼梯移到原家庭厅位置，增加了独立西餐厨房，无论视野还是功能使用都更加宽敞顺畅。设计者从厚重的汉唐文化出发，通过提炼重新运用到别墅设计中，使得整体空间恢弘大气，雄浑厚重。

1 | 3
2

1: 玄关
2: 会客厅局部
3: 会客厅

1 | 3
2 | 4

1: 西餐厅
2: 中餐厅
3: 书房
4: 卧室

万科玖西堂叠拼样板间

VANKE JIUXITANG STACKED SAMPLE ROOM

设计单位：深圳创域设计有限公司
主创设计：殷艳明
参与设计：万攀、文嘉、周宇达
软装设计：殷艳明设计顾问有限公司
建筑面积：210 ㎡
主要材料：玉石、墙布、木饰面、艺术玻璃、香槟金不锈钢
坐落地点：四川成都
完成时间：2018 年
摄　　影：张骑麟

"旧时王谢堂前燕，飞入寻常百姓家。"蘸一笔锦城丹青，绘制一幅古老而诗意的市井画卷。这里一半院藏着魏晋，一半巷装着成都，以此为精神主轴，展现当代仪式感的庭院生活。设计师深刻挖掘当代人的时代趣味与生活需求，混合了现代低奢、自然人文的个性设计，以缤奢至臻为设计思想，坚守悠闲的成都生活格调，将上善若水的包容一脉相承，传达出馨谐致祥的人和之美及暗香疏影的庭院自然之美。设计师精选了多种玉石，运用香槟金不锈钢，搭配暖灰色墙纸、艺术玻璃、瓷砖马赛克、鹅卵石材质，铺陈在整个空间。在这套叠拼大宅设计中，设计师以克制的灰来解读天府文化，以华贵的蓝绿和浓烈的金勾勒出视觉层次感，使得室内装置与材质的建构间，产生一种华丽自然的气质，从而打造一个多维度的人文艺术空间。

1: 客厅
2: 餐厅
3: 餐厅细节

1 | 2/3 | 4/5

1: 主卧
2: 主卧局部
3: 主卧局部
4: 主卫
5: 男孩房

一层平面图

二层平面图

三亚万科别墅样板房

SANYA VANKE VILLA SHOW ROOM

设计单位：毕路德建筑顾问有限公司
主创设计：刘红蕾
参与设计：龙云飞、夏梦菡、邢益省
建筑面积：745 ㎡
坐落地点：海南三亚
完成时间：2018 年

项目位于海南三亚落笔峰脚下，隐于度假庄园之中，三亚万科别墅样板房将东方的诗意儒雅、西方的创新工艺融合，以四时之气生发空间的灵风妙韵，勾勒出戚戚于心的精奢情境与理想生活。家，不再是简单的栖身居所，而是礼赞生命、敬畏自然的永恒乌托邦。

1 | 2 3 4

1: 入口
2: 户外露台
3: 庭院
4: 会客厅入口

空间通过个性化的材质统一构建低调的灰白背景，在精巧雅致的度假主题之下，不同色彩和质感的器物有机组合，呈现自然生机与人类智慧的和谐共融。自然与室内渗透式的浸润，让沉浮于世的疲倦与不安，都在这里得到妥帖的安放与慰藉。经由设计师重新改造过的空间布局，令各个功能空间取得最佳采光通风和观景视野效果。挑高的天窗设计，别致的庭院景观，开放式的格局让互相独立的景致共生交融，形成有趣的空间对景。这所心灵之家，通过融汇平和、自然、愉悦、洒脱的东方意境与时尚前卫的设计潮流，铸就一种永恒的宁静与高雅。

1 / 2 / 3 | 4

1: 会客厅
2: 会客厅
3: 敞开式厨房
4: 挑高餐厅

1 | 4
2|3 | 5

1: 主卧室
2: 次卧
3: 局部
4: 卫浴间
5 卫浴间局部

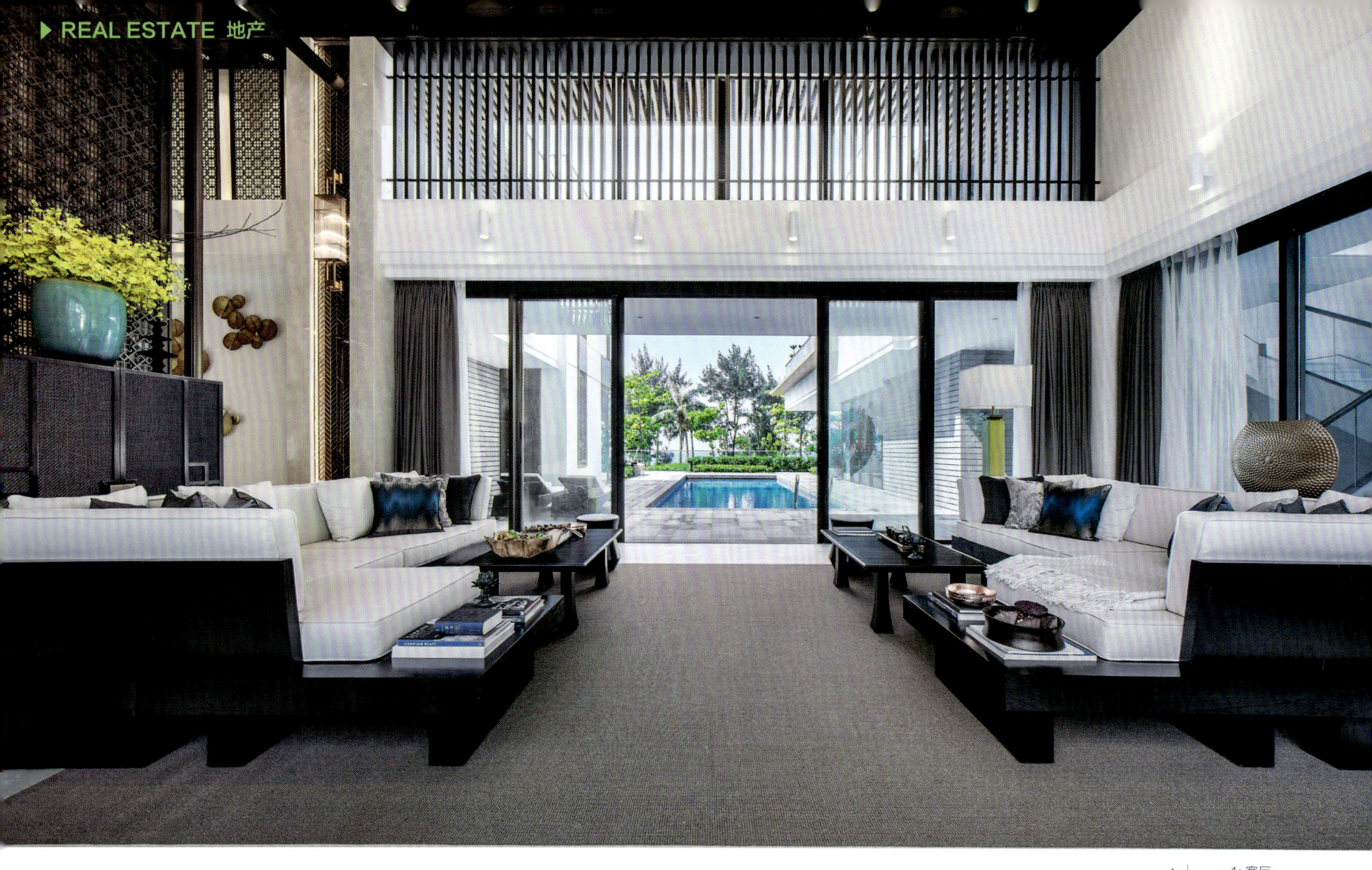

1 | 3
2

1: 客厅
2: 露天泳池
3: 客厅

保利阳江北洛湾别墅 C1 户型样板房

BAOLI YANGJIANG NORTH LOUGH BAY VILLA MODEL ROOM

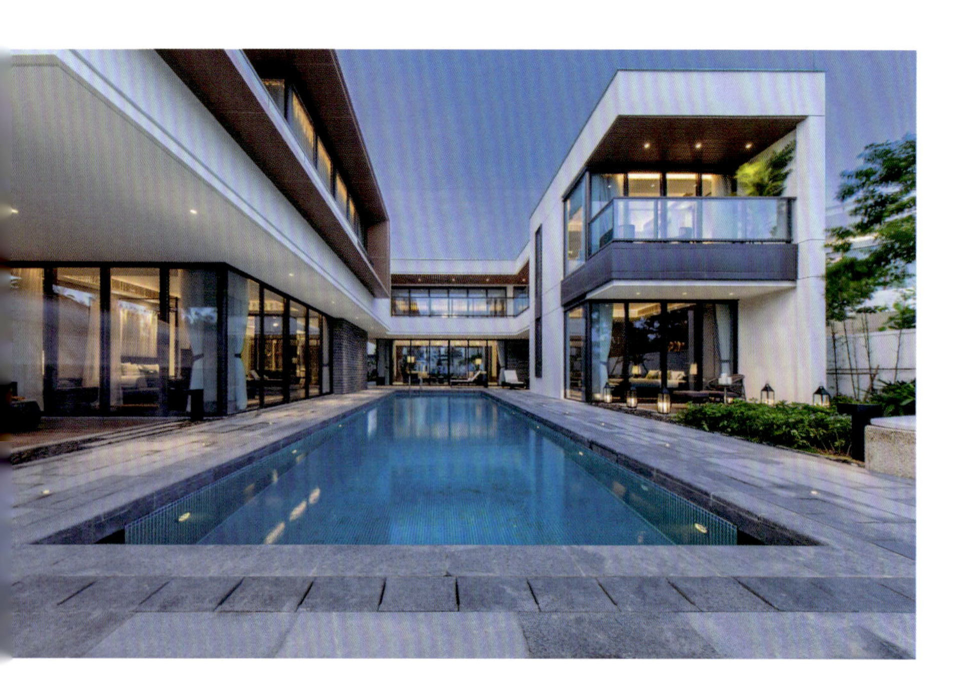

设计单位：广州道胜设计有限公司
主创设计：何永明
参与设计：道胜设计团队
建筑面积：310 ㎡
主要材料：奈高斯白大理石、贵州灰大理石、墙纸、白橡木直纹
坐落地点：广东阳江
完成时间：2017 年 5 月
摄　　影：彭宇宪

东南亚风格一直注重手工工艺而拒绝同质的乏味，在盛夏给人们带来异域风雅的气息。该度假别墅分布合理，平面布置独具个性，顺着路径进入花园，面对一方碧绿的露天泳池和室外的大海浑然天成，达到一种和谐共生。

客餐厅建筑顶部结构暴露不仅体现了一种秩序美，同时也是向往自然心迹的流露。客厅的双层挑空彰显了空间的大气与优雅，金属材质的大吊灯及落地灯，提升了空间品质感，木格栅的运用结合了光影变化，使居宅内散发着淡淡温馨与悠悠禅韵。空间色调宗教色彩中浓郁的深色系为主，沉稳大气，褐色与深色家具散发强烈的自然气息，摒弃了复杂的装饰线条，取而代之简单整洁的造型，极具异域风情的泰式抱枕是沙发和床最好的装饰，悬挂于床架上的白幔随风飘舞的姿态让整个空间有种轻盈慵懒的华丽。空间将东南亚崇尚自然的个性通过实木与藤条来表达，给视觉带来厚重感，而现代生活需要清新的质朴来调和，整个空间蕴藏着一股难以言明的空间气息，或东方，或异域，但远离喧嚣，回归自然，里外一致，置身于谧。

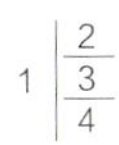

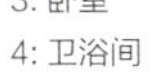

1: 餐厅
2: 卧室
3: 卧室
4: 卫浴间

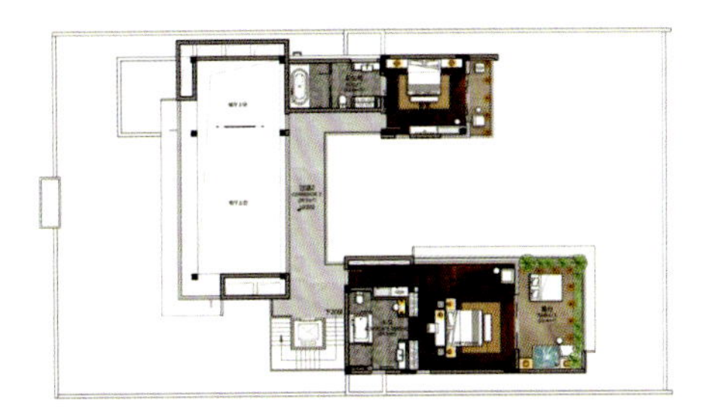

二层平面图

一层平面图

无界之居旧房改造

JINDI TUANBO HUZHEN PROJECT

设计单位：汤物臣 · 肯文创意集团
主创设计：谢英凯
参与设计：于娇、余江塝、叶剑昌、丁瑶涵、王靖、宋玥宸
建筑面积：375 ㎡
坐落地点：广州
完成时间：2017 年 11 月
摄　　影：黄早慧、吴团江

这是广州一座百年老宅改造，本次改造委托家庭常住人口 4 人，分别是委托人冯老太太、她的第四个儿子和儿媳、小孙子。逢年过节还会有三五个兄弟姐妹回来短暂居住。房子建于 1919 年，冯老太太九岁从马来西亚回广州读书，便一直住这里。老屋充满了她和爱人还有五个孩子的成长回忆。

老房共三层，位于广州中心老城区，是典型两两紧密相邻旧式临街洋房。这种房型结构普遍偏狭长，加上老房本身不合理的窗户设置，造成自然风和光线都难以进入房屋，存在着严重的阴暗潮湿问题。而由此导致的白蚁泛滥，还有房屋自身因年久失修出现的结构问题，都困扰着一家的日常起居。除了房子物理结构问题，这个家常住成员的变化也使得以前的房屋格局不再满足他们现有生活需求。几十年前房子里住着冯老太太、她的爱人和五个孩子，为了满足七个人起居生活，房屋被切割成了多个独立空间。而今住在里面的只有四口人，这些空置而隔绝的独立空间却成为了这个家的“隔阂”。针对项目结构特点和家庭情况，设计师提出了“无界之居”的设想。

原本建筑分正间和偏间两大板块，它们之间却全被实墙隔开。设计师决定首先要打通屋内这两大板块，通过拆除隔绝正间和偏间的承重墙，重新搭建钢结构改变整屋空间布局。第二步设计出集中家人主要移动线路的核心筒（楼梯 + 电梯），把原本分散的房子结构进行归一重置，利用核心筒连接各个功能空间，实现每个房间相互连通。打破种种无用空间隔断，归整整个空间布局后，人们可以在房子内自由无阻地游走、碰面。同时通过前后院、天窗、开放式空间的利用引入更多阳光，解决通风采光问题。原本一层是两个房间间隔开的封闭布局，

1: 多功能客厅
2: 客厅
3: 开放式厨房
4: 客厅露台

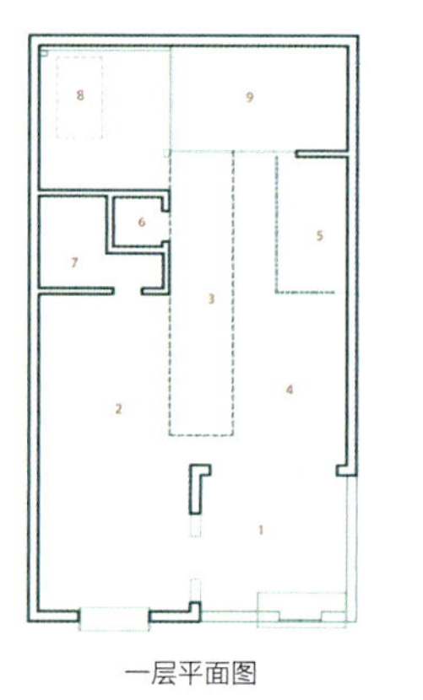

一层平面图

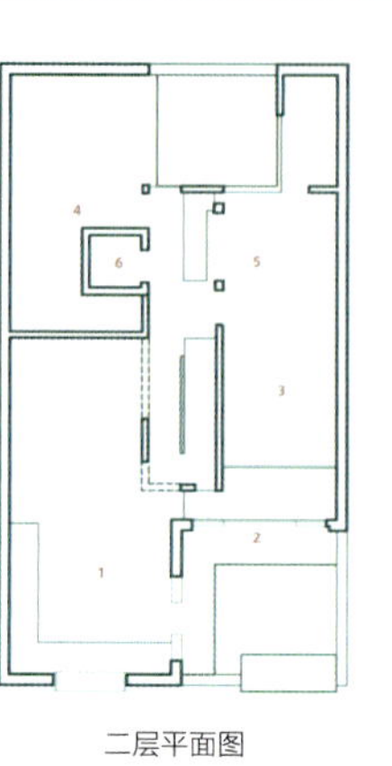

二层平面图

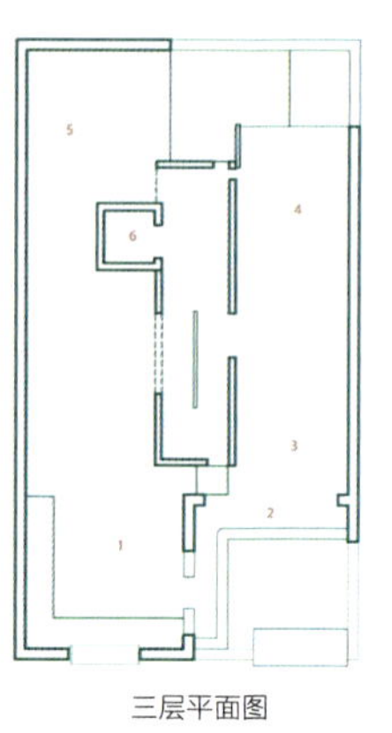

三层平面图

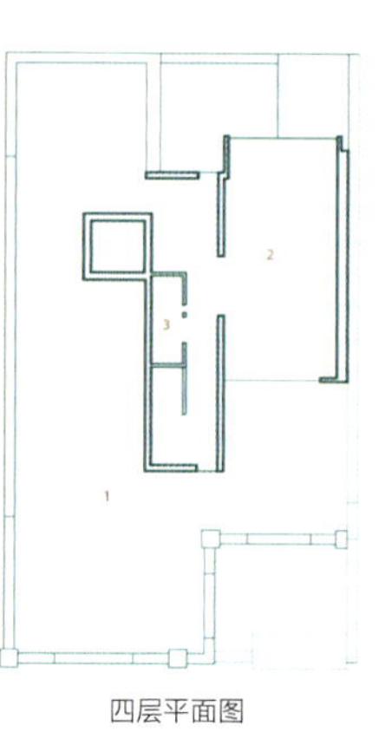

四层平面图

1: 错层纪念空间
2: 错层纪念空间
3: 错层纪念空间局部
4: 楼梯
5: 对面是儿子的书房

1 | 3
2 | 4 | 5

1: 书房可灵活变换多种使用模式
2: 三层孙子卧室
3: 保留原有花色地砖的工作室
4: 客厅露台
5: 中庭

设计师选择打破这种矩阵界线，重新融合创造了一个宽敞通透的新空间。再通过不同家具的陈设，为这个空间有序地定义了丰富区域功能。厨房采用中西厨混合设计，通过移动悬挂挡板，可以任意变换成封闭式的中式厨房，或开放式西厨。厨房操作台也延伸至户外花园，天气晴朗时家人可在此喝咖啡看看云。

冯老太太爱人已过世，但他一直是这个家庭的灵魂人物。他曾在国家陷入战乱时选择从海外归国抗战，明明是工学院的高材生，在岭南画派中却找到自己一席之地。他的许多精神在几十年来一直影响着这个家的每个人。“这个房子更重要是用来纪念我们的爸爸”，这也是委托人儿子告诉设计师的诉求。于是设计师在房子二三层之间，打造了一个专属于这个家的跨层休闲文化空间，用以纪念这位父亲和他带给这个家庭珍贵的记忆和传承。一家人平日可以聚在这里，用投影看看过去的家庭影像，或是一同鉴赏老父亲的画作，再互相讲讲以前趣事。

每个家人卧室都被安排在二三层。卧室设计在保证各自私密性的前提下，利用中空、相对的窗户、巧妙的房门位置安排等手法，创造了许多视线交叉点，试图让房子的界限不再那么严密明晰。考虑到老太太孙子已到适婚年龄，未来组建家庭的空间需求，设计师把他的活动空间独立安排在三层。孙子的房间紧连着的是独立卫生间和一间备用客房，两间房的门可以双向开合，变成一间使用。顶楼是四儿子的工作室和天台花园。设计师保留了家中原有花色地砖和民国时期的旧式书柜及转椅，重新使用在工作室里，为家人营造了有趣的新旧记忆碰撞。改造后每个空间都会与一个中空或天窗相连，除了能引入更多阳光，人们只要把窗帘打开，就可见整所房子里不同角落的场景。

建筑师自宅

PRIVATE RESIDENCE

设计单位：TAOA 陶磊建筑事务所
主创设计：陶磊
参与设计：陈真、李京、张婧泓
建筑面积：600 ㎡
主要材料：实木、铝板、红雪松木
坐落地点：北京顺义
完成时间：2017 年
摄　　影：陶磊

1: 下沉庭院
2: 建筑外景
3: 下沉庭院
4: 随机应变的路径穿越在不同情境之中
5: 下沉庭院一角

项目是在原有别墅基础上改建的住宅，原建筑地下一层，地上两层，坐落在被相同房型环抱的社区之中。这是一个独立的住宅，除了一家人的居住，内部还有两间用于创作的工作室。此住宅试图在现代都市中创造出一片独立的世界以获得内心的安定与自由，并通过实木与金属材质的构建表达建筑与自然的真实性。同时，也试图将建筑的功能性与舒适性高度统一。

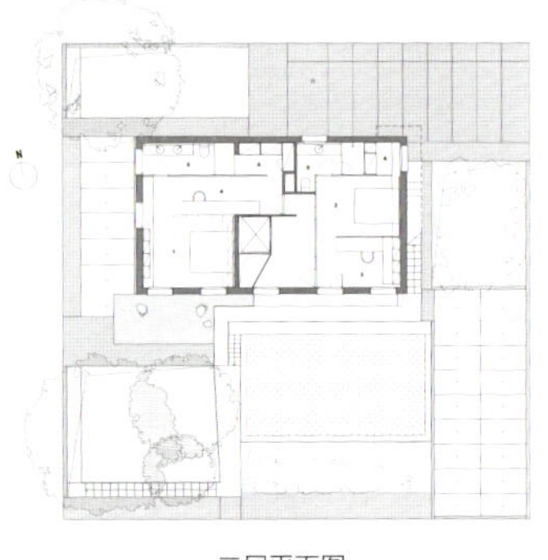

二层平面图

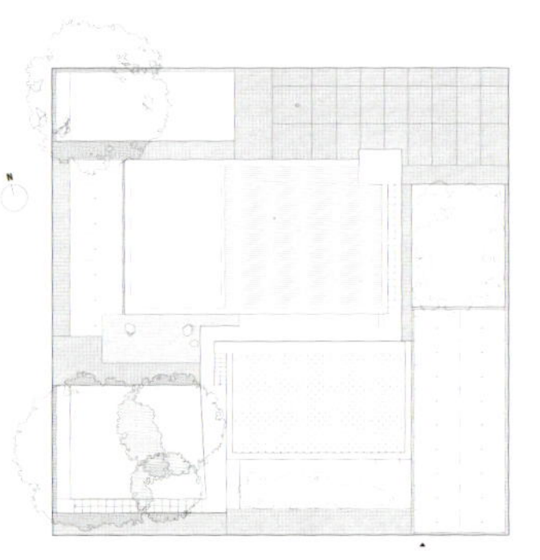

露台平面图

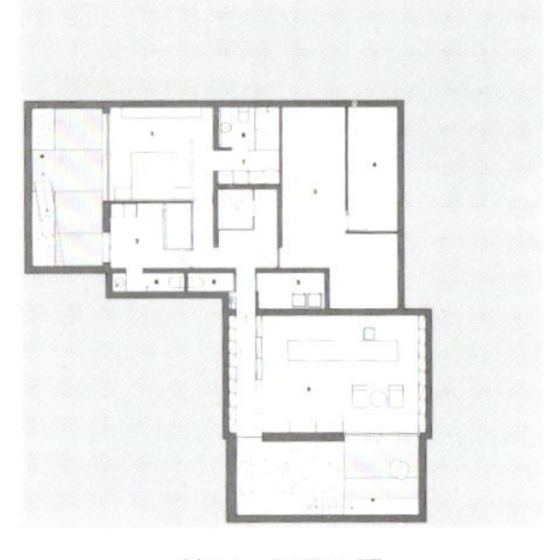

地下一层平面图

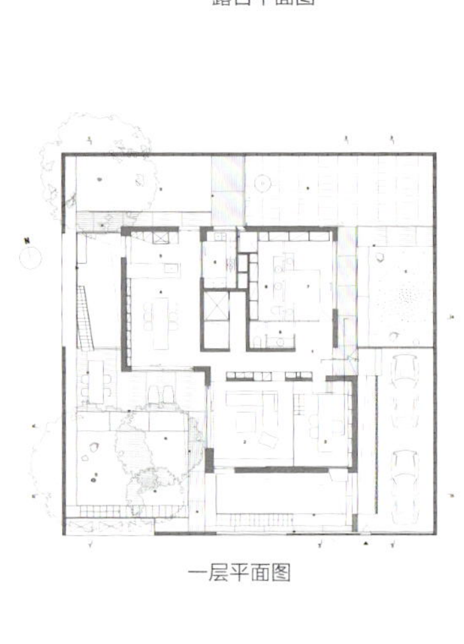

一层平面图

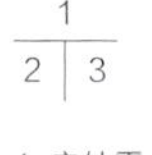

1
2 | 3

1: 户外露台
2: 露台
3: 空间透视

设计的策略是将一个巨大的“建筑外罩”把整个基地连同原有建筑全部罩在一起。它混合了建筑与庭院、室内与室外，试图将所有内容混合为一个完整体，甚至连同树木和自然光一同混合到这一中间，且各自独具特色，自成一体。空间也因此产生了一系列丰富的变化，从室内延展到室外，从地下延展到地上，从一个原始的基地分解成若干个院子，从原有扁平化的基地演变成了多维空间组合，这一切都将使住宅的生活模式变得更多样更具体。

内部因场地和功能需要被设计成大小不同空间，这些空间虽然有自身独立性，它们之间并非孤立。预制的混凝土板，钢板折出来的楼梯，还有分叉的钢板坡道形成了连续路径将其紧密连接一起，这条 70 厘米宽的路径精确轻巧，钢板所形成楼梯像折纸一样轻薄，没有任何结构带来的多余，所到之处也因此而精致。有的跨越下沉的庭院，有的悬浮于水面，有的绕过树木，有的嵌入楼体之间，有的攀附于楼体边缘，形成一条随机应变的路径，穿越在不同情境之中，不同的境界之间不断的转换始终带来新鲜的体验，如同电影画面之间的切换带来的戏剧性。

TAOA

1|2|4|5|6
3|7

1: 局部
2: 画室局部
3: 画室
4: 建筑局部
5: 走廊
6: 户外楼梯
7: 工作室局部

一个白色房子，一个生长的家

A WHITE HOUSE, A GROWING HOME

设计单位：RIGI 睿集设计
主创设计：刘恺
参与设计：杨骏一
建筑面积：240 ㎡
主要材料：金属板、烤漆、毛毡、艺术涂料
坐落地点：上海
完成时间：2017 年 11 月
摄　　影：田方方

项目位于上海一个普通旧里弄三层住宅。上海有很多类似老房，这些房子承载了上海的记忆。原始建筑 1947 年竣工，由三层组成，面宽 5.5 米，深度约 15.2 米，南北朝向，南北各有入口，内部复杂隔间很多，深度很深，室内采光较差。由于建筑修建时间较早，建筑局部构造有修复结构需求的可能，因此我们为建筑整体做了加固设计，并统一了整个建筑层高，将原来位于北侧的楼梯全部拆除，将天窗和楼梯设置为建筑的中心，重新塑造了整个三层的逻辑和形态，将钢板楼梯穿孔之后，可以起到透光作用，楼梯围绕自然光天井自一楼起循序向上，让整个家围绕着天光垂直延展。

一楼设计延展了半开放区域，模糊了室内外界限，原来孤立的院落和三层空间，在改造后有了新的对话关系，半户外阳光空间，为客厅空间增加了足够温暖的气息。阳光，植物，室内，室外，模糊的场景界限让空间和生活场景随意切换。在院子预留了一个树坑，春天的时候种上树木，随着这个家，孩子一起成长，时间也是设计的一部分。阳光房、客餐厅与厨房在一楼设计中形成一个完整空间，这是一家人在一起分享最多的空间，不管是父母孩子还是老人，我们希望这个空间是属于生活之中的每一个场景，而不是被功能所定义的。

1 | 2 | 3 / 4

1: 建筑外立面

2: 外立面

3: 在院子中预留了一个树洞

4: 半户外阳光空间为客厅增加了足够温暖气息

1: 客餐厅
2: 客厅沙发区
3: 主卧室
4: 洗手间
5: 楼梯
6: 楼梯下的书桌
7: 孩童房

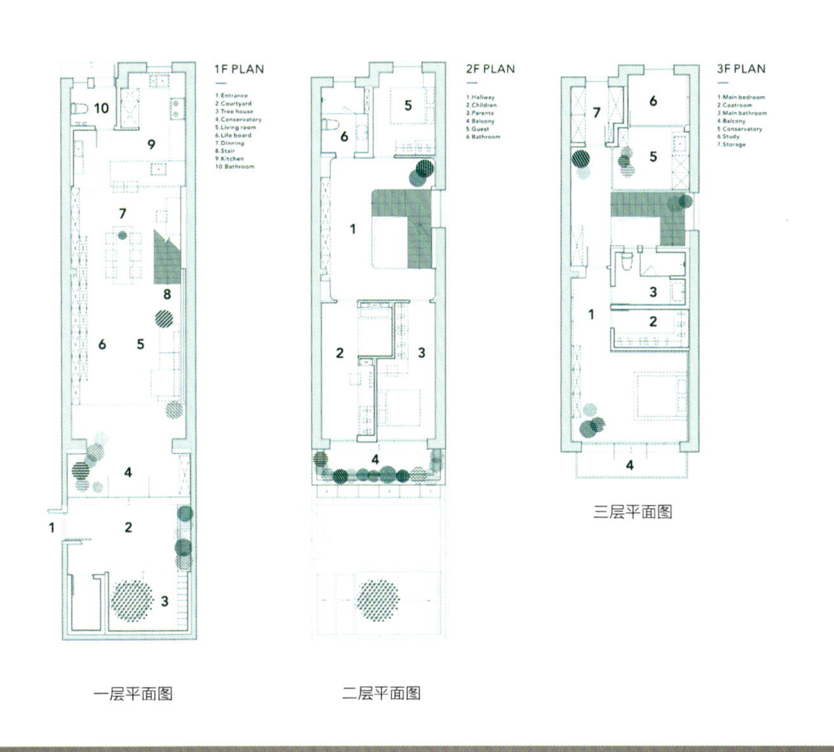

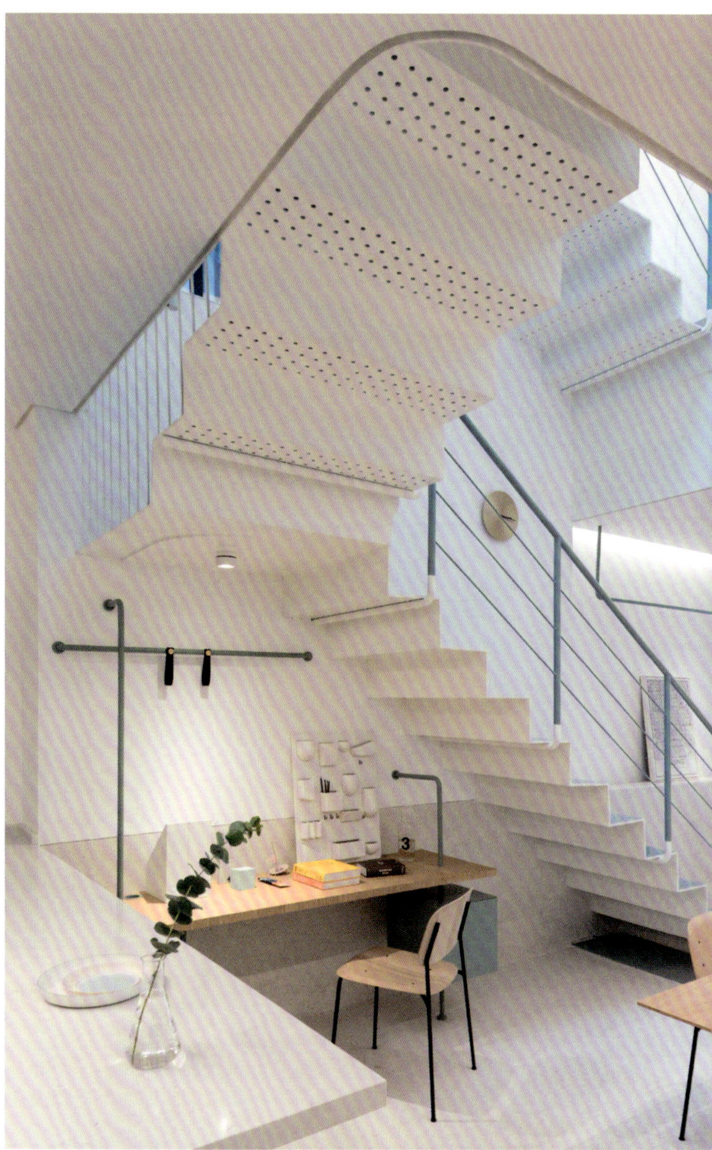

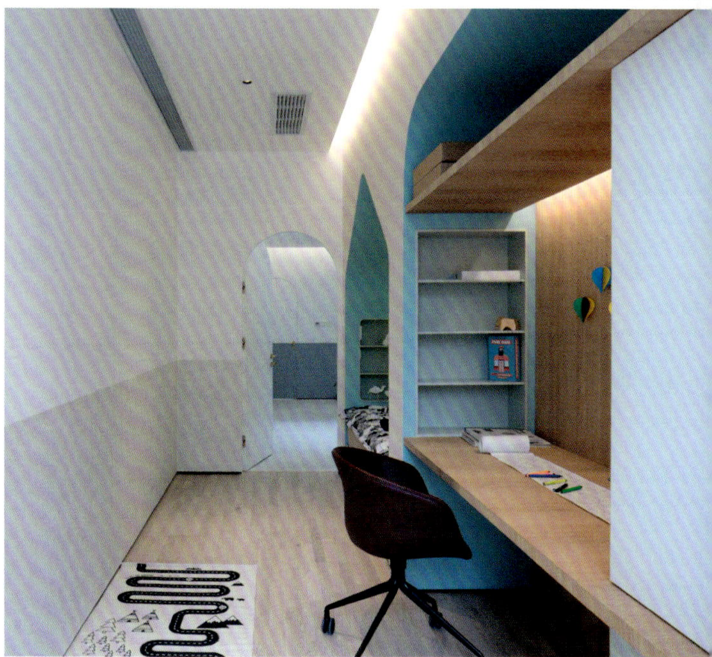

二楼设计将门和储藏空间隐藏在墙面中，创造了一个干净且完整的区域。小朋友的床和书桌以及仓储用设计连接在一起，主人的小孩很喜欢这个房子，在楼梯爬上爬下，在院子里不停的玩耍，这也是我们设计的一个初衷，给这个孩子一个更大的世界，站在另一个维度去理解这个不停变化的世界。由钢板楼梯围绕自然光天井自一楼起循序向上，可以看到改造过的天窗和垂直采光窗以及一个纯户外空间，这是改动最大的区域。整个建筑的源发点就是从阳光和垂直空间开始。主卧保留了原始建筑坡顶结构，将衣帽间和卫生间统一在一个盒子之中，最大限度保留了原始建筑形态，并在原本并不大的空间中创造了新的关系。

界

BOUNDARY

设计单位：玮奕国际设计
设 计 师：方信原
建筑面积：270 ㎡
主要材料：红蓝色特殊漆面、特殊水泥涂料、钛金属
坐落地点：台湾
完成时间：2017 年 3 月
摄　　影：Hey!Cheese

自古功成名就之士，其选择无外乎有二，或彰显荣耀于人，或收敛锋芒于己。这“收”与“放”之间的取舍，蕴含着莫大的人生智慧。对于本案业主，一位事业有成、看尽人间世事的长者而言，“家”的定义，是动与静、繁与简之间的平衡之数，是内敛温敦的气韵交融，是“尘世间的一片净土”。

红、黄、蓝，历来为古代皇族最常使用而备受推崇，与业主从容向内的心境和兼容虚怀的气度相契合，设计师此次另辟蹊径选择蓝色为主，因其深谙沉静雅致的蓝，较之热烈的红和华丽的黄，不仅仅象征财富与名望，更寓意了内心的富足之境。设计师在空间中运用了大量灰色阶的材质，如质朴的水泥、灰黑色的木皮以及低明度和低彩度的色块。这些元素架构出层迭的空间，呈现着不完美的完美，在不规律中体现某种秩序。完美与否，完全来自个人自我心中的那份标准。尘世中的纷扰，内心深处的那份宁静，不也是这样。

1	3
2	4

1: 入口玄关
2: 特殊间隔墙，一分二的穿透
3: 客厅
4: 餐厅

平面图

1 | 3
2 | 4

1: 客厅电视墙
2: 廊道
3: 主卧
4: 局部

画框里孔雀

PEACOCK IN FRAME

设计单位：北京李帅室内设计工作室
设 计 师：李帅
建筑面积：200 ㎡
主要材料：水晶砖、金属板
坐落地点：北京延庆
完成时间：2017 年

1: 庭院
2: 庭院水晶画框里的幸福之家
3: 庭院香梨树穿插圆形金属板与自然完美结合

项目当地有百鸟节习俗，故选用百鸟之王孔雀为设计主题。将孔雀羽毛的几种蓝色、绿色以及紫色蔓延到各个空间及设计细部，室内外尽可能保留老建筑原始风貌沧桑美，比如木梁结构、灰瓦屋檐等，在此基础上将之前的老木格窗改为落地窗解决采光问题，将淋浴、浴缸等现代化设备移到室内满足现代人生活需求。

院落设计保留了原院子内的梨树，巧妙的用金属板圆形与之融合，使之成为一个遮阳观景平台。西院设有时尚水晶砖水吧台，满足使用功能同时增加时尚元素，东院为下凹式烤火区，结合餐厅二层露台让整个院子更有层次感。整体设计以时尚为主基调凸显乡村美的同时，又满足了高品质生活需求。水晶砖金属板突出乡村现代感，实施煤改电政策，电地暖无污染。

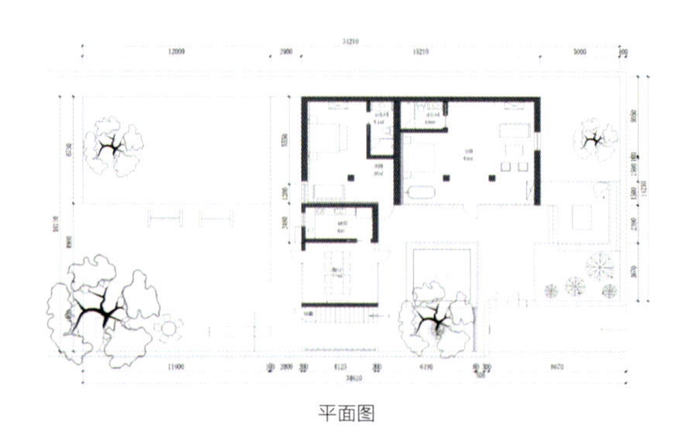

平面图

1: 客厅温馨简洁
2: 客厅孔雀标本呼应当地百鸟节传统习俗
3: 次卧孔雀画装饰呼应主卧
4: 主卧床头树枝颜色呼应孔雀羽毛
5: 餐厅石头墙体现乡村之美

郁金花园

TULIP GARDEN

1 2 | 3 | 4

1: 餐厅
2: 客厅
3: 楼梯
4: 餐厅

设计单位：金元门设计公司
设 计 师：葛晓彪
建筑面积：240 ㎡
主要材料：地板、涂料、墙纸
坐落地点：浙江宁海
完成时间：2017 年 8 月
摄　　影：刘鹰

这是一栋位于宁海顶层复式公寓，北京某证券公司张小姐因为公寓视野和风景选择了作为其返乡度假以及和家人朋友共聚时的居所。推门而入，一个干净利落的灰调空间，柔和，沉稳、安静，呈现宁静雅致的氛围。因为女业主关系，设计师在灰色系基础上调和了部分紫色，呈现出更为细腻和柔软的肌理与感官。

房子原本格局有许多不合理处，尤其是楼梯放在空间居中位置，导致客餐厅面积和空间动线受到影响，尤其餐厅面积变得较小，采光不好。设计师对整体布局做了较大调整，将楼梯调整到西北角之后，整个空间格局被打开，不论是客餐厅还是休闲空间的布局都得到释放，所有卧房都被调整到南边，得到了最好的阳光与风景。调整后一楼平面十字动线与双阳台布局让这里的通风、采光得到极大改善，坐在中轴线任何一个位置，视野都十分出色。

二层平面图

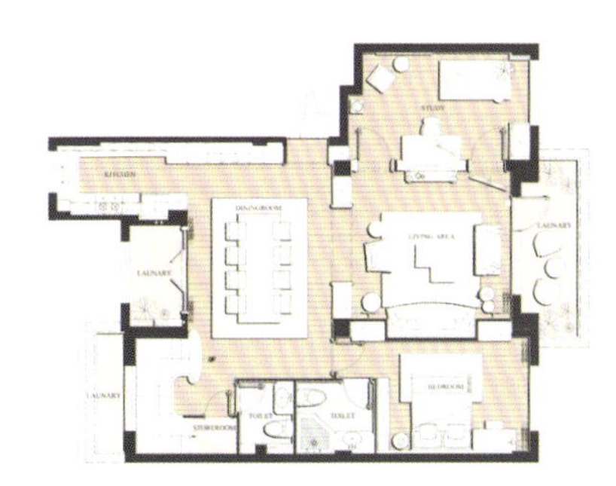

一层平面图

设计师将餐区功能扩大化，用一个 12 座的大餐桌满足业主和家人朋友们聚餐、交流或者下午茶的需要。整个空间没有过多装饰，仅以一幅当代主义几何画作作为提亮空间的元素，由于餐厅位于一层十字布局的的中心线上，采光和空气流向变得十分出色，空间舒适性得到有效提升。

客厅沙发创意性的嵌在了背景墙内，这种处理手法，不仅给隔壁卧室留出了收纳空间，同时保证了良好尺度，使其具备较好的空间体验。对客厅来说，对称美学的装饰体系有了更好的线性轮廓。沿着弧形楼梯蜿蜒而上，北窗的光在留白墙面上留下人影，形成动态装饰。门廊尽头是阳光房，一道山墙遮风挡雨，墙上开了一个方口，当你缓缓走过，视野略过，景色变化，这是一幅自然百变的风景画卷，设计的创意就在这些细节处无声浸润。

1	3	4
2	5	6

1: 客厅
2: 老人房
3: 书房局部
4: 主卫
5: 书房
6: 主卧

平江路老宅改造项目

RENOVATION PROJECT OF OLD HOUSES ON PINGJIANG ROAD

设计单位：上海亚邑室内设计有限公司
设 计 师：孙建亚
建筑面积：147 ㎡
主要材料：木饰面、PANDOMO
完成时间：2017 年 10 月
坐落地点：苏州
摄　　影：孙建亚

1: 客厅
2: 空间透视
3: 餐厅

老宅始建于清末，是汪家祖宅，位于苏州历史风貌保护区平江路上，也是平江路上唯一私产。建筑已完全成为废墟，无法住人，除去天井面积，整个房子建筑面积只有 96.41 平方米，原是五进大宅，现只有第二进尚存。年久失修的房屋坍塌了，堵住原本入户门，人们要想进到祖宅只能从过道上的小矮窗通过，房顶只剩下孤零零的房梁。

汪家祖宅的北墙和西墙与邻居紧相邻，周围邻居都加盖了二楼，只有东墙可以采光。岁月变迁，祖宅的大门原本开在较为宽阔的东面，如今只能被移到阴暗狭窄的公共走道上，也是这条巷弄所有住户回家的必经之路。进入汪家老宅的通道最宽处 90 厘米，最窄处仅有 70 厘米，从街口到老宅距离将近 100 米，再加上狭窄弯道，运输材料成了大问题。对于北面老墙，北面邻居在加盖二层时，把一部分墙体架在老墙之上，如果拆除老墙的话，势必影响邻居墙体。老宅西墙不仅结构酥烂、松垮，西面墙体与邻居墙体之间的粘连交错更为复杂，厚达 30 厘米、长 10 米西墙无法拆除。

由于汪家祖宅经常遭受江南多雨潮湿气候侵袭，改造团队为老宅做了一个全面防水，采用柔性防水墙面涂料，同时加入集水井设计，就连公共走道以及与邻居相接墙体之间的防水也考虑相当。经过设计师精巧极致设计后，建筑在苏式建筑风格中融入了现代元素，原本沦为废墟的老宅变为一间极富特色、简约时尚的苏式民居。

设计时严格按照苏式民居风格，采用硬山屋顶。把天井从原先进门处移至老宅中央，形成回字形，通过天井采光、通风。在唯一有采光的东面增加了一面超大玻璃窗，进而让室内的光线更充足。由于规划老宅高度被严格限制，设计方案增加了阁层，虽然增加了空间，但是也牺牲层高。对于尺寸把控非常严格，比如水泥浇灌楼板厚度只能 10 厘米，预埋在楼板中的排水管也是走屋顶钢梁中。江南多雨，由于一楼较潮湿，墙体涂料全都采用柔性防水涂料，甚至连公共走道及与邻居相接墙体之间的防水也考虑相当。

硬山屋顶的设计不仅使整个屋子在造型上更为新颖，也让其在空间利用上更为开阔自由。客厅保留了建筑原本高度，挑高空间让视野更为开阔，超大玻璃窗充分引入自然采光，使室内更为明亮柔和。开放式厨房新增西厨料理台，圆了女主人想要大厨房的梦想。主餐桌旁特意保留的老墙印刻着这座老宅百年历史，被保存下来的老宅青砖也被重新砌成新墙，给汪家人一种对老宅的怀念。被移至屋子中央的天井，不仅优化了房子采光与通风，更把自然绿意融入到室内。一楼主卧专为两位老人而设，原木色地板、白色墙面，干净明亮。超大储藏空间满足了一家人储物需求，二楼两间套房留给了女儿一家，新增两个宽敞露台不仅补充了二楼采光与通风，还给一家人增加了亲近自然、休息与放松的场所。

1	4
2 | 3	5 | 6 | 7

1: 孩童区
2: 卧室
3: 顶层露台
4: 卧室
5: 卫生间
6: 楼梯
7: 过道

重构 29 平方米

RECONSTRUCTION OF 29 m²

设 计 师：金选民
使用面积：29 m²
主要材料：槽钢、老地板、老木头
坐落地点：上海
完成时间：2018 年
摄　　影：金选民

1: 客厅
2: 客餐厅
3: 餐厅上面挑空留出顶梁的老木头

这套使用面积仅 29 平方米的上海老房子，是设计师朋友的家。房子是一个直角梯形结构，最高点达 6 米多，低部位也有 3 米多，用槽钢做了跃层分隔，就成了现代轻 Loft，变成了两室一厅一厨两卫。一层是次卫、敞开式厨房、餐厅和客厅，二层是主卧室、次卧室、主卫和一个储藏间。

空间采用几何构成穿插手法，体现和提升建筑层次感，空间构成的变幻使得小空间完全没有压抑感。餐厅上面挑空留出顶梁的老木头，楼梯上空留出 60 厘米宽度，6 米多高度的细长空间，给人以视觉美感。因整体空间面积偏小，为避免入户既视整个内景，保留些许神秘感，在入户门的位置做了一个墙加储物柜，背面则做成电视背景墙。沙发背景墙那一整面墙砖有些单调，用几何块面和层板结合，享受线条与块面交错流动；楼梯老木板一直穿插到入户门的鞋柜下面，这个块面给人视觉冲击很大，木板可以作小书桌、置物板。

色彩主要以黑白灰为主，并用一些黄色沙发和软装进行点缀，设计师从自己画廊挑选了几幅装饰画进行搭配。设计过程中，保留了一些历史痕迹，沙发背景墙原有的灰色墙砖，原有的老地板和老木头，包括在上海拆迁现场找到的老木板都一一利用在里面。背景墙的壁炉和老旧的餐桌，是原主人留下的，都做了黑色喷漆翻新，与电视背景墙相呼应。

二层平面图

一层平面图

1 | 3
2 | 4 | 5

1: 楼梯老木板一直穿插到入户门鞋柜下面
2: 厨房
3: 楼梯
4: 卧室
5: 洗手间

维拉小镇：我的风旅草

MY VERA TOWN

设计单位：张奇峰室内设计工作室
设 计 师：张奇峰
建筑面积：330 ㎡
主要建材：壁画、仿大理石砖、乳胶漆、黑橡木实木
坐落地点：浙江宁波
完成时间：2018 年 6 月
摄 影：刘鹰

简约而优雅的设计，代表了一种享受生活、回归自我的生活方式。纯净的白色，天然的纹理，充满视觉张力的图案与精致优雅的家具，塑造了一个充满活力与艺术气质的私人空间。

宁静而雅致，总能在不经意间触动人心，遑论那朵随风飞起的蒲公英，那是一种自由独立的精神，和坦然乐观的生活态度。空间是轻盈的，简洁线条勾勒出现代设计的独特美感，错层的设计，让视觉层次更加饱满，刚与柔在线条和色彩的组合中有序融合，带来温馨而舒适的居家感受。会客区，巧妙地将地面高光材质与布艺、皮质家居对比融合，通过丰富的立面过渡，让满足生活所需的家具和艺术器物融入开放而富有韵律的空间。

1: 会客厅
2: 楼梯
3: 会客厅局部

餐厅，阳光穿透窗纱，洒满室内，洁白的大理石面餐桌与精致的餐椅在光影中传递着艺术生活的韵律和自然舒适的氛围。主卧室一幅巨大的蒲公英在床背景绽放，宁静的灰调空间由此多了些浪漫。轻绒飞羽，紫玉生烟。传说中，谁能找到紫色的蒲公英，谁就能得到完美的爱情。生活有时就像一朵蒲公英，需要经历旅途飞翔，也需要找一个家落下，然后，爱与被爱。

1: 会客厅
2: 餐厅
3: 书房局部
4: 楼梯细节
5: 主卧细节
6: 主卧
7: 次卧

青岛湾海墅

TSINGTAO BAY VILLA

设计单位：大伟室内设计（北京）有限公司
主创设计：罗伟
参与设计：陈颖
建筑面积：562 ㎡
主要材料：扪皮硬包、墙纸、黑钢、木饰面
坐落地点：北京
完成时间：2017 年 6 月
摄　　影：赵洋

1 | 2
3

1: 负一层茶室
2: 一层客厅局部
3: 负一层茶室

“舒适的生活节拍，简洁的生活态度”是本案设计的立意初衷。木质柔和温暖贴近自然，是塑造空间的主要语言。线条与块面穿插拼接，暖色与纹路灵动的灰白石材对比，细致而全面地展示了空间的节奏感。松弛有度的节拍，恰好的展现空间内在品质和功能区域的渗透关系，目之所及皆有细微设计之处，简洁而不失细节，细腻而不繁琐，给人干净、舒适的体验感。

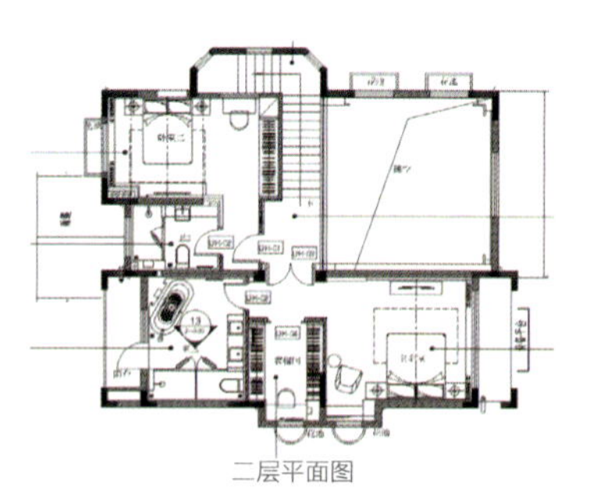

二层平面图

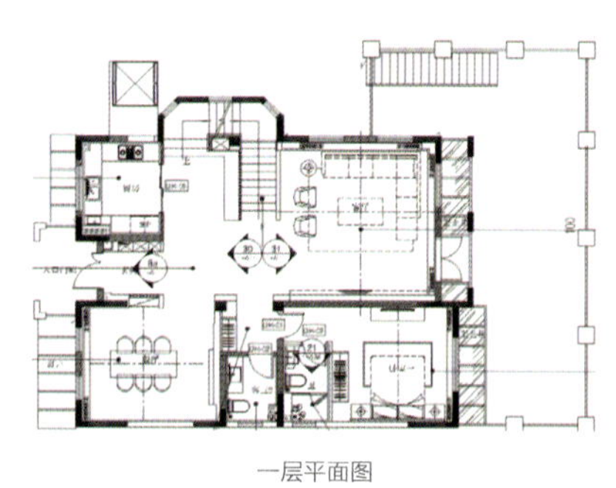

一层平面图

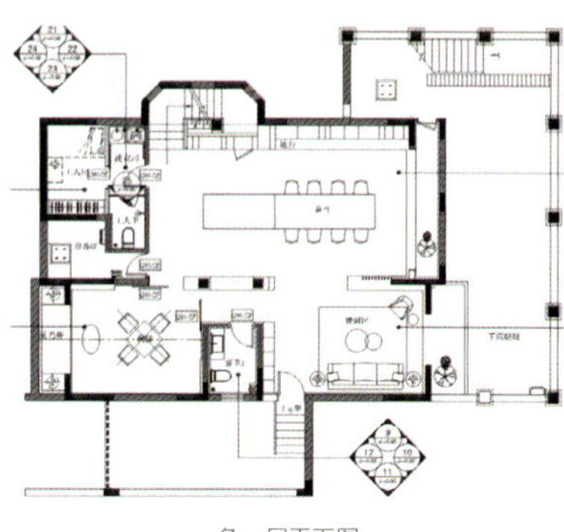

负一层平面图

1 | 3
2 | 4

1: 一层客厅
2: 一层餐厅
3: 二层主卧
4: 二层主卫

廖宅

LIAO ZHAI

设计单位：台湾仆人建筑空间整合
设 计 师：李静敏
建筑面积：565 ㎡
主要材料：清水模、板岩、水泥基涂料、橡木与桧木实木
坐落地点：台北
摄　　影：游宏祥摄影工作室

项目为地上四层、地下两层长形空间，使用者为夫妇与子女共四人。一楼公共区域由餐厅、中岛开放式厨房、客厕及客厅组成。开放式空间接口让视觉可以延伸，前后高地错落的景观植栽搭配雕塑点缀其中，在空间中随处转头即可见前后院两端绿意于此交会。大面积展示收纳墙面，借由活动拉门位置的变化得以展现主人精心收藏。浅色陶瓷砖搭配橡木实木的主色系，让较深色的中岛区壁面及家具串连跳出。

二楼为男女主人卧室，由楼梯转入二楼主空间，映入眼帘的是如同精品展示的台面与形式简洁的吊衣架，墙面类水泥涂料门后为衣橱空间，利用户外接连山边特性，把独立浴缸及淋浴区放置窗边，洗澡时可欣赏四季自然美景。

1	3
2	4 5

1: 一层开放式厨房餐厅
2: 一层餐厅
3: 一层客厅
4: 地下一层休闲聚会区
5: 地下一层休闲区局部

三楼为子女卧室及起居室，由挑空起居室分隔左右两间卧室，使其各自独立又能分享彼此生活趣事的小天地。挑空部份串连起三、四楼与屋顶层，也使整体空间更加开阔明亮。

四楼客房与茶室由深色地板和抿石子墙面连接。茶室地板铺设方形蔺草琉球迭榻榻米，两个向度的交错摆置在光线照射下，视觉呈现深浅棋盘式效果增添了空间丰富度。利用木格栅拉门虚实交错不会阻隔光线的穿透性特质，分隔出茶室空间与挑空区。由内延伸至半户外阳台的木平台，把整体空间更拉近大自然。

地下层为娱乐视听及休闲聚会场所，以较暗色系为空间主调。墨黑色壁面、清水混泥土墙面与水泥涂料地面搭配，加上黑色金属网围塑出楼梯空间与不锈钢色调的中岛区块，异材质混搭出休闲时尚之感。

1 | 4 | 6
2 | 3 | 5 | 7
8

1: 二楼主卧
2: 二楼起居室
3: 二楼起居室衣橱
4: 三楼子女空间休闲区
5: 四楼客房与茶室空间
6: 卫浴间
7: 四楼茶室
8: 四楼茶室

慧舍

HUID

设计单位：宁波天慧装饰有限公司
主创设计： 潘高峰
参与设计：高慧琼、陈燕南
建筑面积：120 ㎡
主要材料：水磨石地面、铝方通吊顶、艺术漆、锈板
坐落地点：浙江宁波
完成时间：2017 年 10 月
摄　　影：刘鹰

慧舍是慧空间设计工作室一部分，由 75 平方米室内空间和 45 平方米露台组成。流线和传统的园林空间有反向的差异，慧舍所在的大楼设计初心也是营造一个现代城市中的园林空间，这和设计师的想法不谋而合，同时为改造提供了有利的先天条件。

设计师把一个方形铁盒子置入茶舍和露台之间，取代了原先封闭墙面，通过可以完全打开的折叠门，完成空间的延续。于是，从茶舍进入露台的经历又添惊喜——穿过空间的过程多了榻榻米式的茶室，静谧而灵动，一个开放空间一个封闭空间，在形成室内外对话的过程中，绿意，阳光，氧气和匠心亲密的融合在一起。慧舍设有茶桌、吧台、储藏室，另一端用真火酒精壁炉做了整个空间的中心，两边分别用水、火做呼应，水的表现形式是江南的，火的表现形式是西方的。改造后的慧舍，集茶室、艺展、设计于一体，一个体现江南美学生活的空间。同时这里不仅是招待客户的地方，还是一个以茶会友的雅舍，还可举行户外主题派对，更是一个可以共享的“诗和远方”。

1	3
2	4

1: 入口
2: 走廊
3: 户外露台
4: 室内外由一个铁盒茶室过渡

1 | 4
2 |
3 | 5 6

1: 室内空间
2: 铁盒茶室
3: 茶桌
4: 室内全景
5: 壁炉
6: 入口，百年老凳，竹篱笆

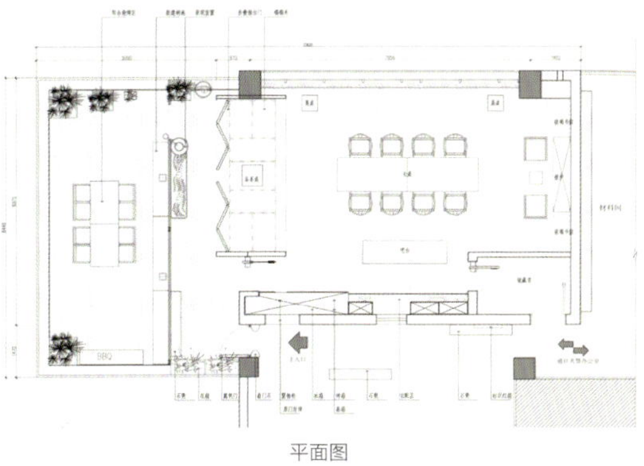

平面图

1: 外立面
2: 外立面
3: 外立面局部

时代天荟会所

AGE TIANHUI CLUB

设计单位：DOMANI 东仓建设
建筑 / 室内设计：余霖
建筑面积：1500 ㎡
装置陈列：桉和韦森
协作设计：黄嘉吉
坐落地点：广东
完成时间：2017 年 6 月
摄　　影：肖恩

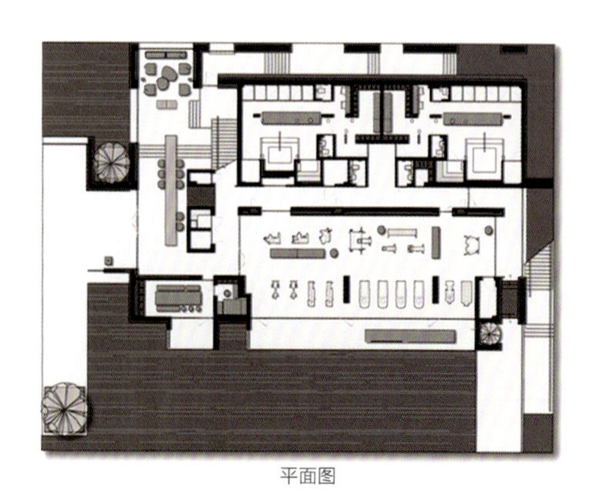

平面图

该项目由 DOMANI 东仓为时代地产研发的会所产品化项目，建筑、室内、装置陈列均由创作总监余霖小姐执笔。该会所作为永久性建筑，目前已落成于时代柏林及时代天荟，并将陆续呈现于时代地产旗下之旗舰盘。

时间是一种生物，我们的建筑材料为此而研制，在约 20 度灰的人造水泥板材进行错落铺贴的整体空间里，时间的痕迹将与建筑材料产生更深刻的反应。并且由于建材的肌理细腻，同时整体性强，时间将在此有稳定的表现。光线是一种生物，在一个为光线设计的建筑里，它充满可能性与自由。无论是在材料上勾勒阴影，还是与装置发生交迭，光线将以丰富的形式在建筑内部留下痕迹。人在一个场所内休息，运动，交流，活动。我们希望这个充满抽象出入口的建筑将人们的视线引导向外部或上方。毕竟，天空与水面是比一切固态的构造更值得长久观察的事物。

1: 光线将以丰富的形式在建筑内部留下痕迹
2: 在一个为光线设计的建筑里，它充满可能性与自由
3: 楼梯
4: 局部

1|2|4
3|5

1: 局部
2: 交流区
3: 休闲区局部
4: 运动区
5: 运动区

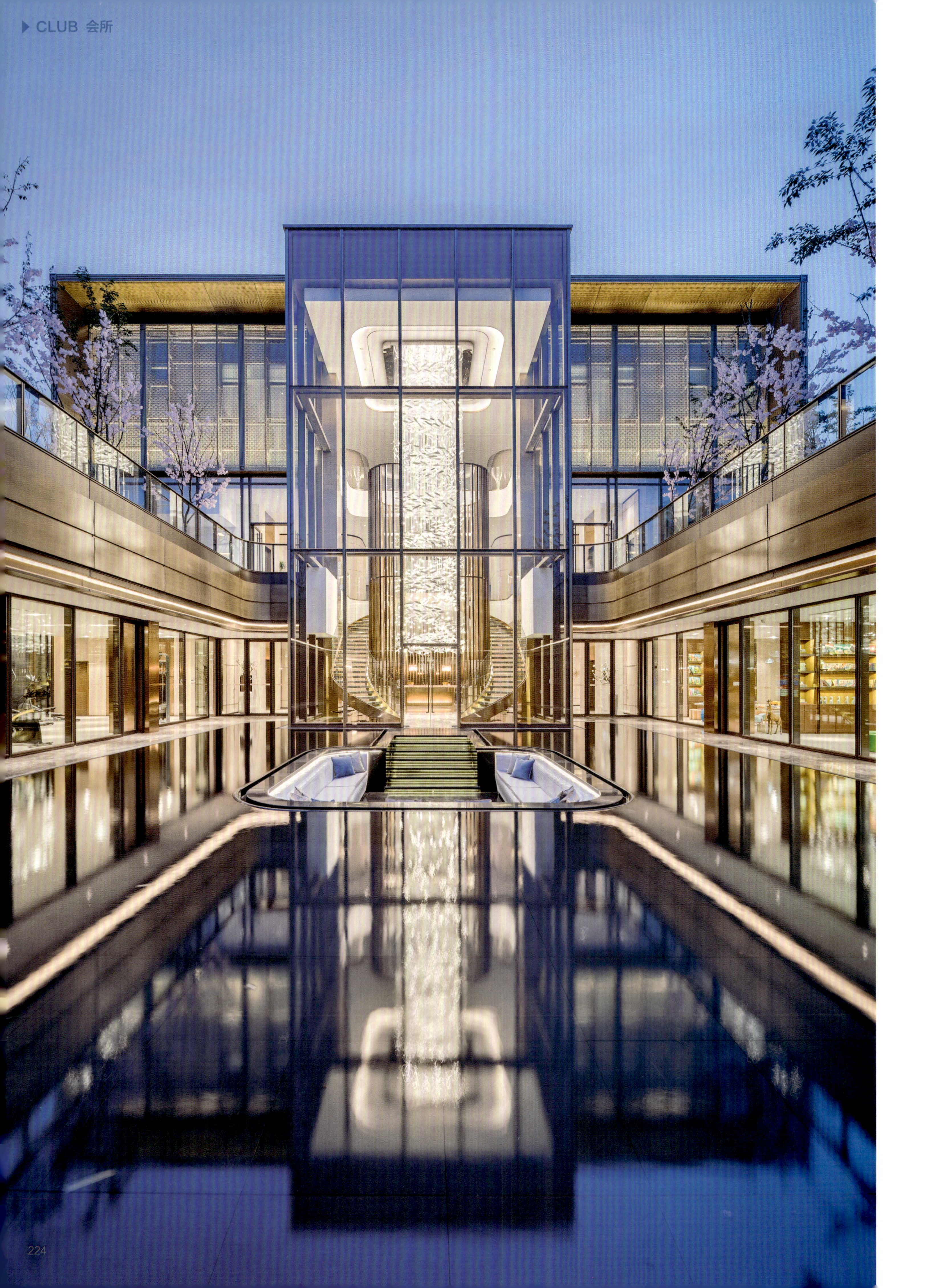

中南樾府会所

ZHONG NAN YUE FU

设计单位：达观国际设计事务所
主创设计：凌子达
参与设计：杨家瑀
建筑面积：3050 ㎡
主要材料：夹丝玻璃、不锈钢、薰衣草大理石
坐落地点：杭州
完成时间：2017 年 11 月

项目是杭州中南樾府一个住宅小区会所。会所包含咖啡厅、健身房、瑜伽教室、图书馆、茶会所及儿童学习区等不同功能区。整个会所建筑分三层，两层地上，一层地下，其中包含地下庭院。本案设计，空间秩序是设计关键点之一。玄关和门厅通过设置在水面上桥的引入，门厅是用弧线勾勒出的半虚门厅，顶部安置了一个主灯，主灯设计灵感来源于水，整个主灯如同水滴汇聚成的瀑布，洒下至大堂门厅。

1 | 2 / 3

1: 从庭院眺望玻璃盒般的楼梯
2: 下沉式水庭院
3: 格栅，作为茶室和中庭之间的虚隔断

1|2|3/4

1: 楼梯口
2: 楼梯
3: 休闲区
4: 洽谈区

继续前行，迎面是一个玻璃盒般的楼梯。我们将这个楼梯间与灯具、屏风做了一个巧妙结合，弧形屏风将 10 米高瀑布般的主灯包围在内，钢结构楼梯则依附着同样为钢结构的屏风，并且将屏风作为结构支撑，屏风除了本身艺术品般的造型之外，对于楼梯的支撑也起到主要作用。运用如此手法，设计师将主灯、楼梯间、楼梯与屏风结合在一起，如同将一件复杂精巧的艺术品置于透明玻璃盒之中。

后庭院是一个下沉式水庭院，设计师希望水景可以呈现出镜面效果，与天井对称辉映。水池面与建筑地面呈现平接状态，并与周围景色无边界连接。庭院中设计了楼梯踏步，楼梯中间安置了下沉式沙发区对应在天井正中间。沙发区在周围景观中拥有了一个被周围景观环绕，并且可以环顾四周的绝佳环境。中心位置也赋予了沙发区一个安静环境，使这里成为一个沉浸式体验地带。整体轴线尽头有一个格栅背景墙，将它与水景结合，同时水景也将格栅串联起来。视觉上，格栅从地下水景延伸出来，作为茶室和中庭之间的虚隔断，形成了一个户外凉亭遮雨的空间。

1 | 2
3
4

1: 户外大平台
2: 户外泳池
3: 户外露台
4: 开放式大厅

管宅

GUAN ZHAI

设计单位：纬图设计有限公司
主创设计：赵睿
设计团队：李龙君、刘方圆、叶增辉、刘军、黄志彬、张鹤权、罗琼、伍启雕、陈丹然、吴东林、吴再熙、李胜娟、吕斌、梁茹倩、康为泽、杨之毅、张智彬、詹焕杰、高晓玲、罗晓丽
建筑面积：7300 ㎡
主要材料：山东白锈石、原木、质感漆
坐落地点：三亚
完成时间：2017 年
摄　　影：张恒、伍启雕

项目位于三亚海棠湾，是个度假型住宅及小型私人会所酒店，共 12 个房间，包括餐饮区、公共区和娱乐区等功能。最初接到项目时，还是一个未完成建筑物，因此任务是对其进行建筑和结构改造，从室内到室外完成工程交付使用。

三亚气候炎热，太阳毒辣，由于建筑地处海边，海风特别大，海水盐分高，腐蚀性强，所以材料选择对于整个工程质量非常重要，最终选用了山东白锈石、原木、质感漆三种耐久性比较高的装饰材料。改造时，加建了大面积平台，一是为了遮挡太阳，二是横线条的平台体块很容易与环境融合在一起，让人与自然更好互动。活动区巨大的屋面平台可以举行烧烤、酒会或婚礼等大型活动，大大增强了场地使用性，也可以很好地跟室内庭院小道形成强烈节奏感。室内部分尽量裸露的结构形式，有助于显示空间高度，在这基础上延伸它，形成更美的韵律感。刻画每一个角落，希望把各种内容都展现出来，雕塑、绘画、装置、灯具，甚至稻草房、溪流等，设计师希望将这种热情和情感流露在项目里，最终用体块构成把所有的内容糅合在一起，堆砌出这一作品——管宅。

1: 大厅
2: 空间局部
3: 客房
4: 楼梯
5: 局部

一层平面图

二层平面图

1: 书画区古建模型的空间节奏
2: 书画区
3: 书画区古建筑模型造景

沪上会馆

HUSHANG CLUB

设计单位：苏州市庞喜设计顾问有限公司
主创设计：庞喜
参与设计：戴祖波、杜威、逄海、胡旭、杨蕾
建筑面积：550 ㎡
主要材料：石材、实木复合地板、钢板、饰面板
坐落地点：上海
完成时间：2018 年 2 月
摄　　影：老金、庞喜

从传统文化中吸收美感、经验、知识包括常识，不去完全的复古人的“古”，找到“古”的内涵，而不是表象表面，这一直是我对传统与当代之间的态度。无法跟随时代发展和被认同的“传统”，本身也不值得作为传统保留下来。“传统”本身应是有韧性的，传统需有进步和变革，这样才能坚挺的“保持传统”。

“玩物”到“造境”把玩小的器物到折腾大的空间，都是相通的，审美才是关键。传统与当代的良好结合，不是某一个点，不是简简单单创造一个环境，它还是一个综合的品质。框架式的书房，总而言之，静心读书。纵使在碎片化一地的信息时代，阅读的初心也不应为之闭塞。爱书者恒爱书。在一件件文房器物之间，以物的姿态，品格其怀。书当净

友，如见古贤；砚当清友，金声玉质；墨当逸友，以书其志。这种尚雅之美，在盲从的时代，显得弥足珍贵。

布景亭台楼阁置于书房，上下倒置只为“气韵”和“趣味”，其实这种“气”和“趣”，除了自然天成之外，在一般的人生世相中也可得到，寄情山水幽野之美。张潮于《幽梦影》中说：“山之光，水之声，月之色，花之香，文人之韵致，美人之姿态，皆无可名状，无可执著；真足以摄召魂梦，颠倒情思。”

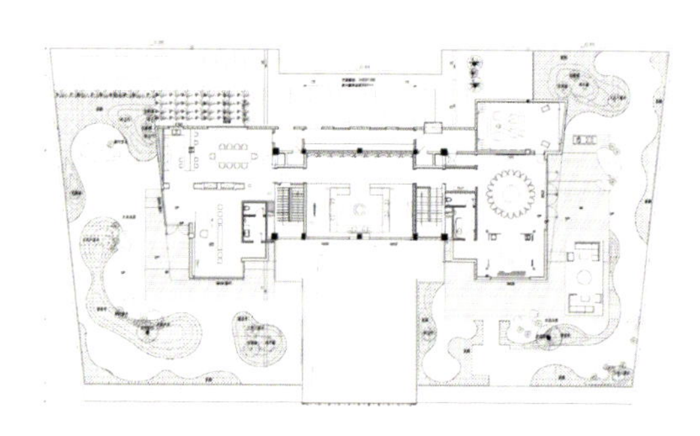

平面图

1 | 2 | 4
3 | 5

1: 西餐厅
2:20 人中餐厅
3: 下沉式会客厅
4: 会客厅过道
5: 品茶区

正荣 · 滨江云璟

ZHENGRONG RIVERSIDE YUNJING

设计单位：P A L DESIGN GROUP
设 计 师：梁景华
建筑面积：923 ㎡
主要材料：木、石材
坐落地点：南京
完成时间：2018 年 5 月
摄　　影：张骑麟

设计师以光影承载现代脉络，追溯艺文生活的记忆，琢磨时间推进的变化，展现民初时代的脉络，为正荣 · 滨江云璟融入自然，以线条光影丰沛视觉。

接待空间高旷的楼底让自然光线于室内流动，深浅交叠的石材配以线条引渡视觉轨迹，添上木饰的点缀，悬浮的雕塑，以光影映证时间的流动，思忖空间与人的关系，时而清巧而透明，时而沉实而稳重，让人沉迷于追逐光影，带动步履往里探索。木质的温润拼凑成分明的线条，东方的意态为一片素净创造新的契机，从墙面延展至天花；光影细节汇流木材与石材间，一抹苍翠靠倚室外的广袤，令光与影在洽谈空间中微妙共生，营造清新而宁静的叙谈环境。凝视眼下思索过往，抹去古典风华，退去商业的俗套，光影、艺术与文化交错融合，用最简单的美学承载那无法忘怀的江宁年代。

1 | 2 / 3
1: 入口
2: 局部
3: 接待大厅

洽谈区

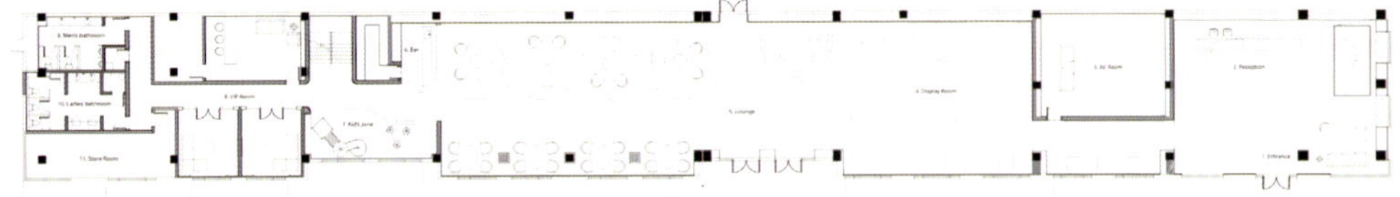

平面图

1: 洽谈区局部
2: 墙面细节
3: 悬浮的雕塑
4: 过道

五云谿

WU YUN XI

设计单位：中国美术学院国艺城市设计艺术研究院
设 计 师：谢天
建筑面积：2950 ㎡
主要材料：大理石、木饰面、铝板、布、地板
坐落地点：杭州
完成时间：2017 年 12 月
摄　　影：金选民

抽象的情感需要借助具象的形式语言表达。每个设计师都有自己的设计语言，不同的生活经历，不同的教育背景，不同的性格以及对文化的不同理解都会造成形态各异的语言体系。但有一点是共同的，就是对文化的表达与思考。当然，从语言上看，有直白豪放的，有含蓄婉约的，有朴实率真的，也有理性冷峻的，并且在同一设计师的作品中会有着不断变化。在五云谿的空间中，基于这样一种空间情感定位，设计语言的提炼与梳理也就有了相应的调整和变化。我在创作过程中，克制自己对过度装饰与繁复造型的追求，同时也要抵御所谓“纯净”与“极简”的诱惑，用一种“中庸”的态度组织自己的设计语言。

1: 入口
2: 接待台
3: 会客厅
4: 吧台区
5: 长廊

1 | 2 / 3 | 4

1: 休闲区
2: 过道
3: 过道墙面细节
4: 细节

首先在空间布局上，以传统的中轴对称为主要形式，表现传统文化中的雅正，这也是我在空间布局中的常用语言。于此相联系的是造型上的一种重复与阵列的布局，无论是柱型的阵列还是其他装饰造型的重复，都有助于上述空间情感的强化与渲染。单个形体的简洁与细节的变化相统一，形体上方中带圆、直中含曲是形体塑造的特点。以传统手卷、画轴为基本装饰原型，承载空间艺术形态。色彩上采用深色为底色，结合深、浅木色、金色、蓝绿色，营造含蓄、沉郁中见富丽的感受。材料上以木质、石质等常用材料，琉璃、砖等传统材料，以及金属、透光亚克力等现代材料相结合，强调材料的对比与协调。

冬去春来会所

WINTER-INTO-SPRING CLUB

设计单位：上海黑泡泡建筑装饰工程有限公司
主创设计：孙天文
协作设计：曹鑫第、刘栋
参与设计：张德杰、王有飞
软装陈设：傅秋伦、曹鑫第
建筑面积：2000 ㎡
主要材料：橡木饰面板、橡木地板、铜
坐落地点：南京
完成时间：2018 年 3 月
摄　　影：张静

设计过程中，把建筑作为一种诗意的想象，尽力在作品中渗透对于人性孤独的泰然自若。我们刻意回避了偏商务的色调，使得进入空间的人有一种宾至如归的感觉。极少主义很容易走向高冷，为了避免冷漠，注重材料的色彩和质地，一方面，选择了很浅很淡的木饰面和地板，使得整体空间氛围轻松自在；另一方面，引入“透光的纸”，让光线柔和温暖，显得“很欢迎”。这一切所得均来自于一次与业主的谈话“我希望这个空间像人！一个没有软肋但也没有铠甲的人，雅致而且从容。”

一个空间的气质与韵味，从项目选址那一刻就已经隐含在场地的血脉里了。不知道是先有环境还是先有建筑，建筑的西、北两面的绿化非常好，而设计师在这两面并未替这栋建筑开窗，客观上就形成了建筑与现有环境的疏离。所以我们第一个念头就是把它打开，克服设计和施工上的操作难度，大胆采用了远超正常尺寸的特制大尺寸中空玻璃。13 块玻璃形成了 13 幅巨画，把外面的风景像画卷一样在我们面前展开，不同时间段不同光影效果，实际上使得后期呈现的动态画面远远超过 13 幅。无论是草长莺飞二月天，还是阴阴夏木啭黄鹂，又抑或是夜深风竹敲秋韵乃至山意冲寒欲放梅，都成为室内生活水乳交融的共同体。

1 | 3
2 | 4

1: 室外区域
2: 装饰板细部
3: 纯净的空间
4: 茶室过道

1	4
2	5 6
3	7

1: 客厅，风景像画卷一样在面前展开
2: 茶室
3: 客厅
4: 客房
5: 楼梯
6: 盥洗室
7: 用餐空间

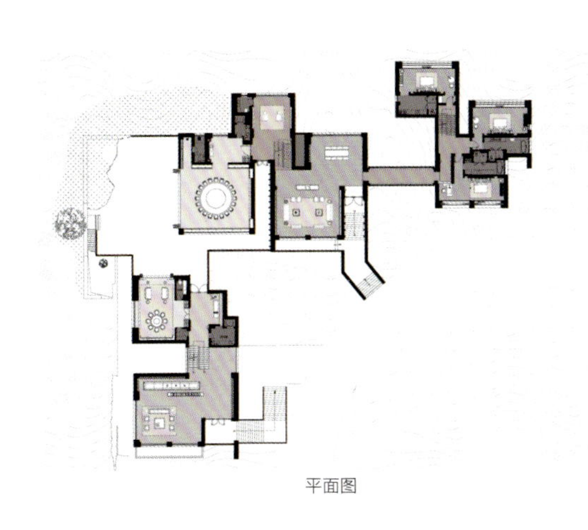

平面图

百晟花园会所

BAISHENG GARDEN CLUB

设计单位：广州道胜设计有限公司
主创设计：何永明
参与设计：道胜设计团队
建筑面积：350 ㎡
主要材料：防火板、仿古砖、竹帘、不锈钢、夹丝玻璃、夹丝镜
坐落地点：广东东莞
完成时间：2017 年 9 月
摄　　影：彭宇宪

百晟花园坐落于东莞城区最繁华商圈，位于高档小区聚集之地，商业氛围浓厚。本案为百晟花园会所大堂，除了提供接待、休闲娱乐等基本功能，也期望提供现代人一份悠游于欢聚之乐、生活之趣与艺术之美的深刻体验。

设计师不忘映照现实环境的共性，仔细梳理莞城岭南文化，观其自然地貌。舞龙为岭南特色文化，也是莞城流传下来的传统习俗。舞龙者在龙珠引导下，手持龙具，随鼓乐伴奏，通过人体运动和姿势变化完成龙的游、穿、腾、跃、翻、滚、戏、缠等组图动作，充分展

1 | 2/3
1: 天花艺术装置
2: 就餐大厅
3: 吧台

1 | 4
2 | 3 | 5

1: 就餐区
2: 从吧台眺望餐区
3: 墙面细节
4: 就餐区局部
5: 包厢

示龙的精、气、神、韵，代表着莞城人追求喜庆幸福的精神内核。然而孕育着莞城传统文化，滋养着莞城人，为莞城的山山水水。云雾缠绕的青山，轻盈流畅的河水，构成了莞城自然之画，见证了莞城人一代又一代。无论是舞龙中人为灵动的线条，还是山水所呈现出的自然纹理，都具有一种流动之美。设计师将其运用于天花构造上，利用竹片打造流水纹理之状，形态婉转流动，有着静极思动之势。宛如中国草书，狂乱中带有优美，这突破常规的构造，不仅为娱乐场所带来自然间流动韵律，深化空间的高级质感，也让视线收获难以预料的惊喜。整个空间线条犹如行云流水般舒张自如，统一协调中又简洁有力。空间利用多样座位配置来达到分区效果，落地窗设置引入自然光线，餐区更显开阔明亮。

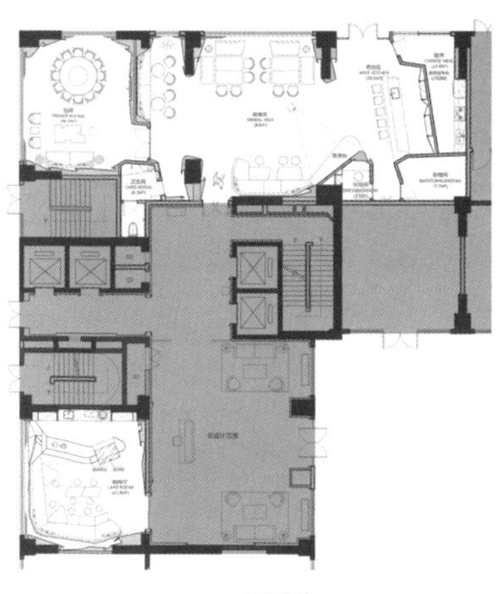

平面图

8C 生活美学馆

8C LIVING ARTS CENTRE

设计单位：UI（优艾）室内设计有限公司
主创设计：陈显贵
参与设计：王慧、黄声琅、马泸文、吴海涛、徐北
建筑面积：877 ㎡
主要材料：海南灰洞石、大理石马赛克、天然大理石、艺术涂料
坐落地点：浙江宁波
完成时间：2017 年 9 月
摄　　影：刘鹰

1 | 3
2 | 4

1: 挑空客厅
2: 一层休闲客厅局部
3: 楼梯
4: 一层茶室

这是一个有60年历史老厂房改造而成的项目，外观是清一色无垢纯净的白，简单却别有滋味。这种接近精神性的白，也将8C与周边老建筑明显区分，自带优雅气质。厚重的木门，纹理的质朴和细腻让人身心舒润。推门而入，往左是一个私密的洽谈区，往右则是一方宽阔的公共区域。温润的实木和通透的玻璃组成一道楼梯，无论是自然光或是灯光投射，勾勒出如绘画一般的光影。

除了挑空客厅、会客厅、展示厅、茶室、洽谈室和西餐厅，一楼还设置了中西厨房，满足了基本的生活需求。室内，一个暖暖的壁炉让会谈充满温度，如若移步室外，栽种着热带植物

1 | 2 | 3 | 4

1: 一层
2: 树椅
3: 一层茶室局部
4: 阳光房

的阳光房则成了三五好友品尝下午茶的好去处。拾级而上，二楼则是舒适的办公和居住区。绘画、雕塑、家具……每一个转角，都能与艺术不期而遇。整个建筑于简洁中见自在，表面看是美学仪式，内里却渊源流淌。每一个细节都被安排的恰到好处。当这些岁月悠远的老物件与来自意大利顶级现代家具相遇，旧传统和新时尚，这两股力量带来的冲击，为空间提供了另一种可能，亦同时塑造了设计师多样的生活方式和艺术审美。

东方花园别墅会所

ORIENTAL GARDERN VILLA CLUB

设计单位：共向设计
设计团队：姜晓林、曲云龙、闵耀、王东磊、陈马贵
软装设计：共向美学
建筑面积：450 ㎡
主要材料：爵士白大理石、西奈珍珠、胡桃木、黑钢
坐落地点：深圳
完成时间：2017 年
摄　　影：B+M studio 赵宏飞、魏己栋

东方花园是深圳最早别墅区，位于华侨城，它见证了深圳 30 年发展历程，密度较低，绿化率高，有着大隐隐于市的感觉。共向设计师一直生活工作在这个区域，对该项目有着特殊情感，结合东方情境与当代设计，将旧宅改造为会所空间，空间的环境、光线、气质，让人有安静感，闹市中的“静”正是空间的表达。空间中的慢生活方式在城市的快节奏下扎下了根，这里有宽敞的大空间，通透的绿色。

设计师先对空间进行了梳理改造，空间分上下三层，设有品茶、会客、办公等功能区，各个区域规划巧妙而合宜，一以贯之的白色与木质隔断使不同空间浑然衔接，似有若无的边界模糊了空间的功能。不同于传统会所空间的华丽，优雅的材质构成了空间的气质，家具和艺术品在空间中散开。空间设计力求极简，让刻意的装饰减到最少，原先厚重围合的墙壁被通透的玻璃取代，视线由此隐于户外风景里，显现出对自然本真的崇尚与回归。

1 | 3
2 | 4

1: 茶室
2: 接待区局部
3: 客厅
4: 接待区

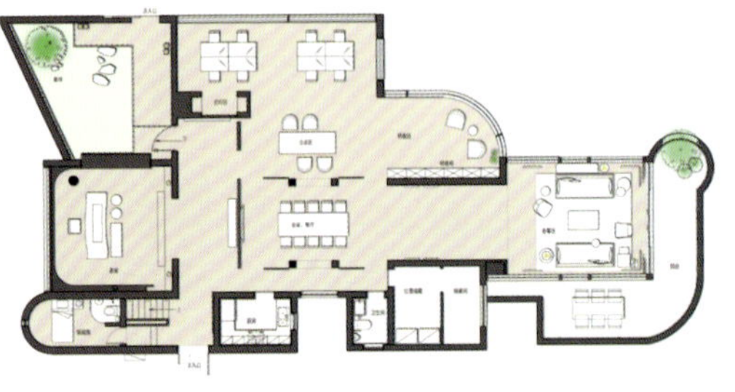

一层平面图

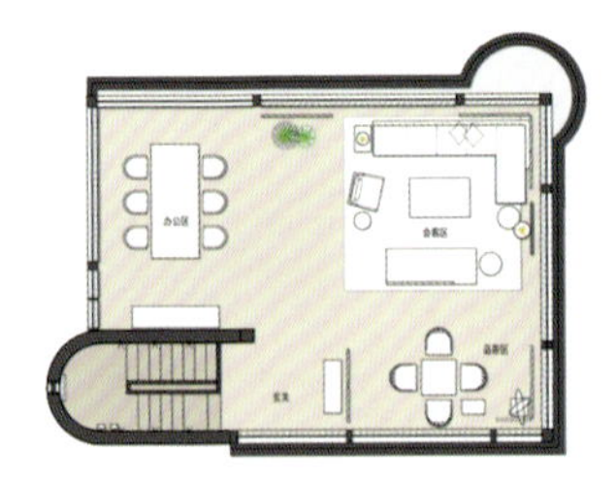

二层平面图

1 | 4
2 | 3 | 5

1: 接待区
2: 图书区
3: 会议室局部
4: 茶室
5: 会议室

田水月——深圳东西茶室

TIAN SHUI YUE

设计单位：HSD 水平线空间设计
主创设计：琚宾
参与设计：潘琴超、郭达宇、胡凯、刘小琳
建筑面积：320 ㎡
完成时间：2017 年 12 月
摄　　影：夏至

田水月三字本来是徐渭给自己名画的字谜，说白了不用组一看就知道。但我就喜欢这个意思，有田，有乡土，安稳；有水，便温婉，舒心；还有那月，无论是一弯或半圆，都很入画，像诗。“田水月”本身的有趣，属于耐读的、有趣的、淡淡的。单个拆分开来看，这间不足 400 平方米的茶室每处也本是一般，只不过有水，布局上有浓有淡，不紧、能待得住罢了。我是将整个空间当园林对待，面积小，功用目的明确，调性自然更容易掌控些。整个空间是同一个记忆体，连同那身在其中的自在感。

平面布局上采用了回游动线模式，路线不限定，可能性稍微多了一点，空间也因此显得大了些。水只一汪，占的面积倒不小，可以解释为池塘、湖泊或胸襟，内里躺着块和进门口一样的砚台石，我觉得它能汇集住某种气息，平衡整个空间的重力体系。水是内循环自然会流动，但流动得并不明显，倒映着上方所有光影，很平静。在水边细看能见着因铜板阻隔而现的涟漪，不断变幻着模样层层往下溢。侧面那一溜黑色水洗石是可以用于演出，宽窄适中，像 T 台。看客可歇息在近处木踏步上，看得清，能互动，便于入戏，然后入迷。天花几乎没有光，本意是尽量去解放光，在墙角、墙上、墙面，以点、线、面模式搭建成整个空间的光的语言，水内倒影再以低几个亮度的光线去补充，这样便随着整体明暗关系生成了想要的空间意境。光源本身就应该是空间装饰的一部分，人影绰绰，轮廓清晰，甚是美丽。

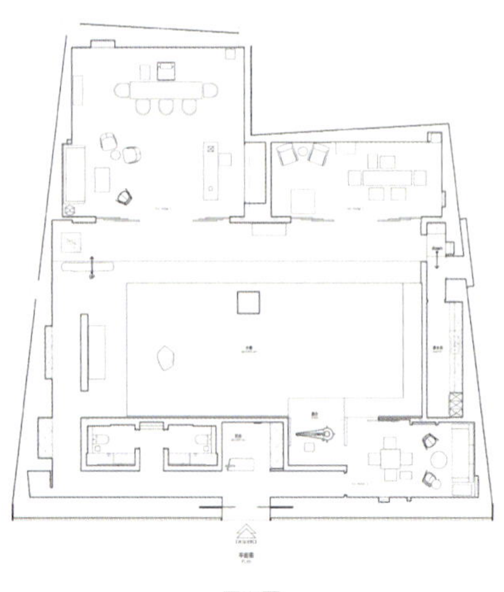

平面图

1 | 2 / 3 | 4

1: 接待台
2: 中庭水景
3: 局部
4: 中庭水景局部

1: 由中庭水景眺望茶区
2: 中庭
3: 局部
4: 细节
5: 走道

桃花源

TAO HUA YUAN

设计单位：思联建筑设计有限公司 (CL3)
建筑面积：300 m²
主要材料：木材、竹、大理石
坐落地点：南京
完成时间：2017 年
摄　　影：Nirut Benjabanpot

茶凝集了天地之灵气，古往今来为文人墨士所钟情。桃花源作为传承中国茶文化的茶室，力求在创新中贴合现代人的生活需求，室内设计融合了禅意美学与简约风格，为纷繁都市带来一隅静谧自在的共享空间。

建筑呈现单层矩形的清朗轮廓，隐于林间犹如天然杰作。大理石浑厚稳重，玻璃灵动纯净，如此搭配的立面刚柔虚实协调，使建筑造型渗透着现代气息。室内成为整体建筑的延展，主要选用木材、竹和大理石，质朴的材料配合简洁的线条，创造禅意安稳之感。茶室整体色调简约柔和，结合了太湖石、灯笼、绘画和艺术品等传统元素，烘托出一个与自然相融的宁静所在。太湖石是湖下采来的大型岩石，留存着久历侵蚀下形成的孔洞和褶皱纹理。六件太湖石置于一块模仿水面倒影的黑色镜面平台上，既为曲折圆润的艺术装置，同时将茶馆分隔出半私密空间。而在黑框玻璃勾勒出的天然背景中，室内直线设计呼应了馆外树林纵向线条之印象。整体空间配以定制家具和灯具，与室内硬装气质相结合，反映中式讲究均衡之道。茶室既有沿袭古时“席地而坐”的低矮家具，也有因应当下“垂足而坐”的现代家具，其颜色均朴素，材质也多原木，透出圆融的古韵和新意，为传承中国文化提供了当代的诠释。

1: 庭院及休息室景观
2: 茶室接待台
3: 茶室主要区域

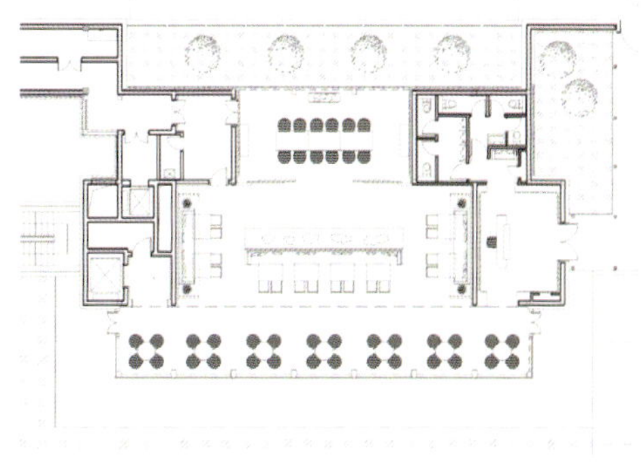

平面图

1: 国学堂

2: 茶室沙发座椅后视图

3: 茶室

4: 休闲区

5: 茶室半私人区域

奈尔宝家庭中心

NEOBIO FAMILY PARK

设计单位：唯想国际
主创设计：李想
参与设计：任丽娇、刘欢、Justin CHEW、范晨
建筑面积：3000 ㎡
坐落地点：上海
完成时间：2017 年 7 月
摄　　影：邵峰

奈尔宝儿童游乐园位于上海闵行区，乐园分布在两栋欧式建筑内。由主入口进入首先看到的是一片高低错落的小树林以及起伏的山丘。这些山丘、小树林组成了图书区的书架和孩子们躲猫猫钻洞的最佳场所。每一个树洞都可以钻进去独享一片小天地。我们用小树林和山丘营造出轻松自由的读书环境，让小朋友有亲近自然的感觉。

由海洋池楼梯上楼进入模拟城区，这里营造成一个微缩城市，有道路系统、马路、斑马线、路灯、停车场。中间一栋三层小房子被分成左右两边，里面有一个个迷你场所，邮局、加油站、迷你超市、小医院等，还有孩子们最喜欢的过家家场景，厨房、梳妆、为小宝宝换尿布。小朋友们可以在微缩小城市里上上下下。爸爸妈妈可以在对面休息平台上照看自己宝宝愉快地玩耍。模拟城最深处还有一个小公主们最爱的地方，公主装扮区，在这里小朋友可以装扮成各种各样公主，拍下美美照片。

1 | 2/3

1: 一楼
2: 一楼咖啡区
3: 一楼咖啡区

D&D
Furniture

从模拟城经过一条长长时空隧道，就到了大一点小朋友喜欢的地方，各种滑梯、攀爬架占满了整层楼，像一个巨大迷宫。最瞩目的是一条S形滑梯，可以直接从二楼滑到一楼餐区。餐厅设计了很多由像热气球悬挂着的游戏盒子，由透明爬道串联，小朋友们可以在里面爬来爬去嬉戏玩闹。乐园地下室还有供小朋友开派对的房间，有不同主题，印第安风情、沙漠风情、地中海风情。小朋友们可以在自己喜欢的房间里举办生日派对。派对房间里还有特别的国王与皇后椅子，让小朋友称为真正的主角。

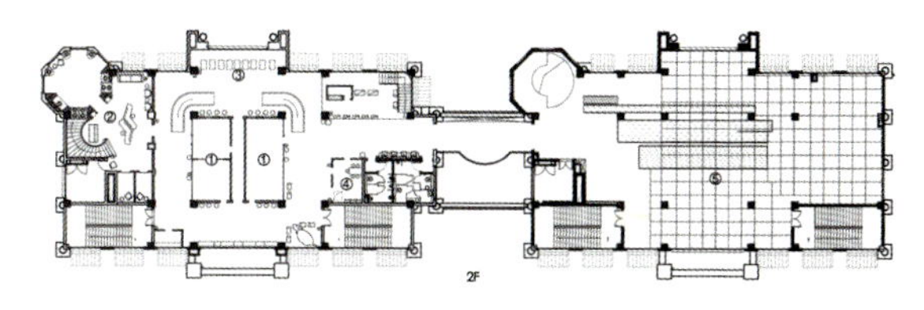

二层平面图

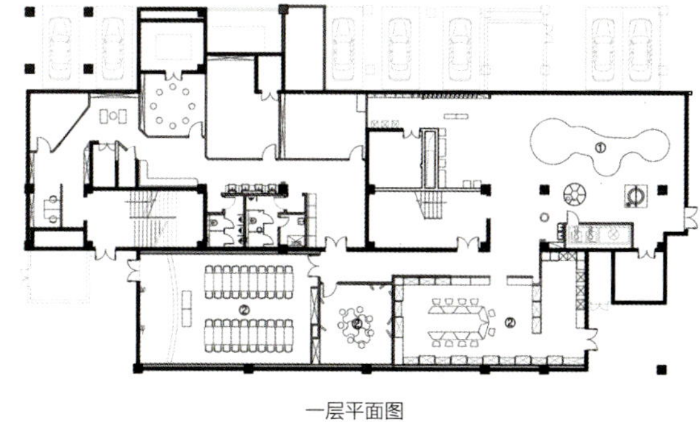

一层平面图

1 | 2 / 3 / 4

1: 儿童馆
2: 儿童馆
3: 儿童馆
4: 二楼模拟城

重庆凛然酒吧

LINGRAN BAR OF CHONGQING

设计单位：B.L.U.E. 建筑设计事务所
设 计 师：青山周平、藤井洋子、刘凌子
建筑面积：500 ㎡
主要材料：手工青砖、老木板、镀铜金属网、穿孔钢板
完成时间：2017 年 6 月
摄　　影：黎光波

项目位于重庆江北区鎏嘉码头，设计包括室内和外立面改造。外立面由黑色炭化木条和紫铜条构成，在繁华闹市中显得低调而内敛。手工灰砖地面从室外延伸到室内，把城市的气息带进来，弱化边界，是一种迎接的姿态。外立面可打开的活动窗则将店内的景象和灯光投射进城市，将放松休闲的夜生活向城市铺开。枕木构成的长桌通过窗口从室外一直延伸到室内尽头，贯穿整个空间。通过木条不同的尺寸和拼接方式，融合了沙发、长桌、吧台等不同区域，简洁的形式蕴含了功能和空间变化。枕木天然真实的质感，带给人一种粗粝又温暖的感受。

1 | 2 / 3

1: 入口
2: 一层区域
3: 吧台区

1 | 3
2

1: 二层区域
2: 包厢区
3: 顶部装饰

另一设计亮点是悬挂在一层吧台上方的金属盒子。盒子由不同颜色的穿孔钢板围合，钢板的工业气息和亲切的原木形成强烈对比和碰撞。作为二层包间区域，每个盒子利用不同尺度和开窗方式以适应不同空间需求，丰富的变化让每个盒子都充满个性。客人进入，盒子里的光线从空隙中透出，与外面空间以光的方式产生对话。室内和室外，开放和私密的边界，通过材质和空间的语言融合在一起。

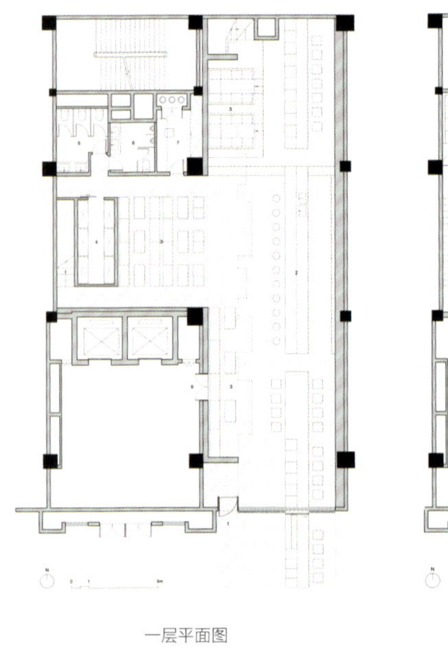

一层平面图

二层平面图

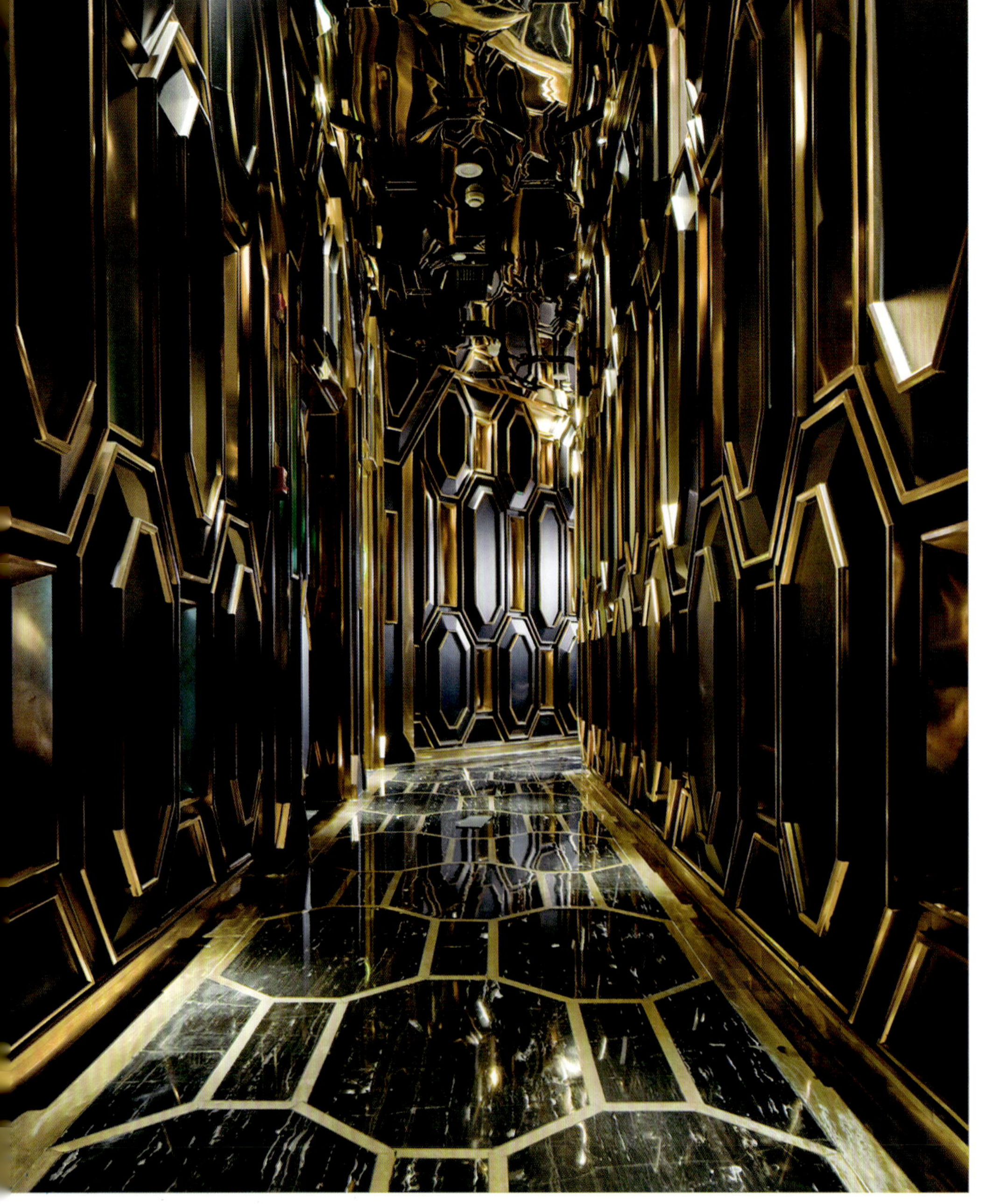

CLUB SIR.TEEN 拾叁先生

CLUB SIR.TEEN MR.SHISAN

设计单位：深圳市新冶组设计顾问有限公司
主创设计：陈武
参与设计：新冶组设计顾问团队
建筑面积：1700 ㎡
主要材料：云朵拉灰石材、拉丝古铜钛金、鳄鱼皮
坐落地点：浙江宁波
完成时间：2017 年 10 月

CLUB SIR.TEEN，源于北京，浙江宁波作为新征程的第一站，特邀新冶组设计团队担纲设计。如何重塑经典，将艺术与娱乐完美融合，把北京的全新娱乐方式传播到这里，是设计师此次面临的最大挑战。设计师冀望用一个开放自由的理念来创造一种全新的可能，通过构建一个既融合现代当下电音文化主流，又不失演艺文化经典的全新国际性顶级派对空间，来打造夜店文化，让它成为夜时尚的特殊符号，为宁波带来一次娱乐变革。

19 世纪的 Art Deco 风格是贯穿在 CLUB SIR.TEEN 宁波店设计全案里的重要线索和设计语言，它是 CLUB SIR.TEEN 北京的一种延续与升级。为追求视觉极致体验，达到电音节的空间需求，将二层建筑打通，使整个空间呈现扇形，视线由舞台中心向两边辐射；同时引入“梯田”卡座概念增大营业面积与互动，对称开放式的空间布局赋予了场景感体验更多的话题和浅见。

舞台中央可开合 LED 屏组合而成的上升趋势几何图形主屏与承载主题音乐节视听功能的副舞台，将回纹饰曲线线条、金字塔造型等元素进行充分利用，在有限空间里满足格莱美级的专业演艺效果呈现，简洁时尚，极具现代感。

空间里耀眼的符号，用盖茨比经典 Art Deco 核心元素，将拾叁的 LOGO 镶嵌其中，具备升降功能的天花灯光艺术装置，予以空间体量感，营造出具有现代时尚感的审美体验。室内音乐节式派对现场，震撼的灯光演艺视觉，充满互动性的卡座文化，在此空间体验到的不仅仅是好玩，而是从多个角度感受自我追求的艺术形态与生活方式。

1: 室外
2: 走廊
3: 舞台区

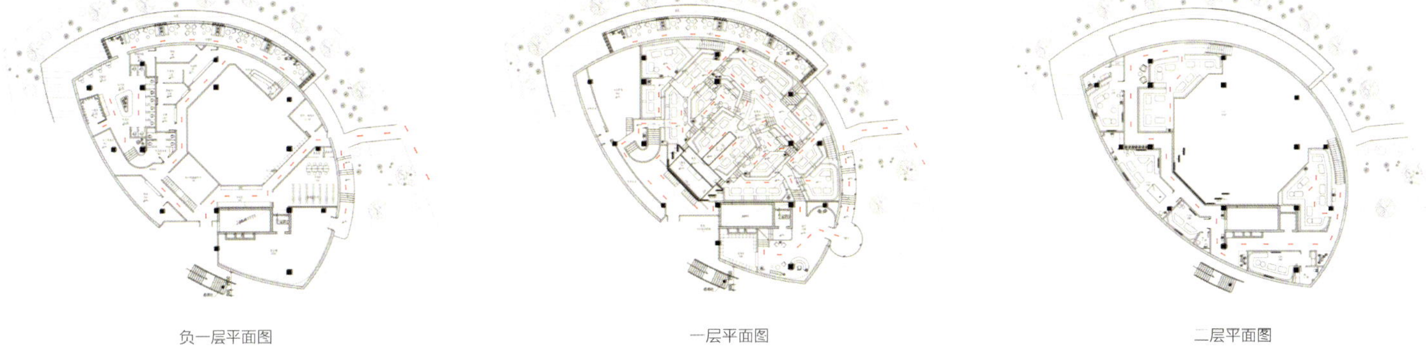

负一层平面图　　一层平面图　　二层平面图

1 | 3
2 | 4

1: 大厅
2: 大厅
3: 大厅
4: 卫生间

1 | 2 3 | 4 5

1: 建筑外立面
2: 由竹竿压出来的水泥墙面
3: 入口
4: 小圆内景庭院水院
5: 大圆内景庭园树院

道明竹里 文创禅院

LIVING IN GROVES OF BAMBOO

设计单位：观酌香港艺术顾问机构
设 计 师：李睿
建筑面积：2000 ㎡
主要材料：竹、石子、青瓦、水泥
坐落地点：四川成都
完成时间：2017 年

项目坐落在国家级非物质文化遗产竹编之乡四川成都崇州道明镇，从建筑到室内均充分提炼当地特有的人文风物为主要元素。与崇州竹编文化相融合，为道明竹编提供一个传播和交流的平台，充分发挥“文创”作用，让竹编工艺焕发新的生命力，借助乡村旅游，让竹编工艺有更大的市场。同时以超高的技艺表现新东方风格与传统哲学精神，为来者提供精神层面的栖息之所。

整个建筑呈 8 字形，象征无限循环的建筑语汇，大圆为树院，小圆为水院。两院皆经层层分隔，水院作为公共茶桌餐饮区，树院则分设 9 个包间，两院连接之处作为文化展示区。室内装修与建筑自然过渡一次成型，大量运用自然光影与装饰材质互动而产生无限可能的光构成效果，在室内庭院中呈现不可复制的奇妙景观。所有室内装饰色彩均以材质本身状态呈现，如当地河流中的石子水磨一次成型地面，青篾竹编装饰室内顶面，小青瓦整体铺贴建筑顶面，以及最具创造性的水泥豆石混浇裸墙作为室内公区主要墙面材质，有效节约施工成本与时间的同时创造了全新的环保、在地艺术、东方人文精神和非遗文化结合的新空间意境。

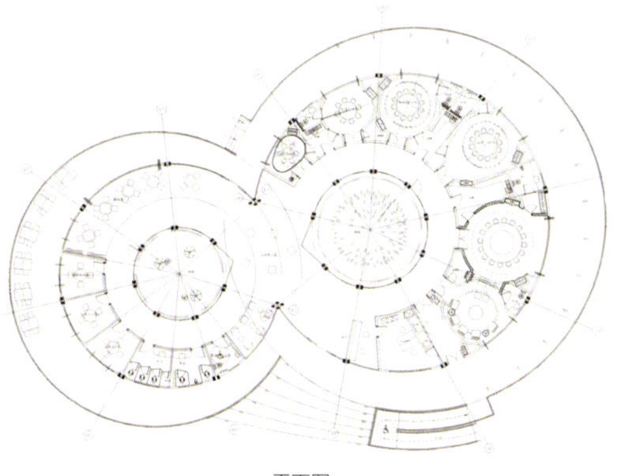

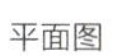

平面图

1	3
2	4

1: 内景庭院
2: 开放式多功能区
3: 禅院食坊包间
4: 茶区局部

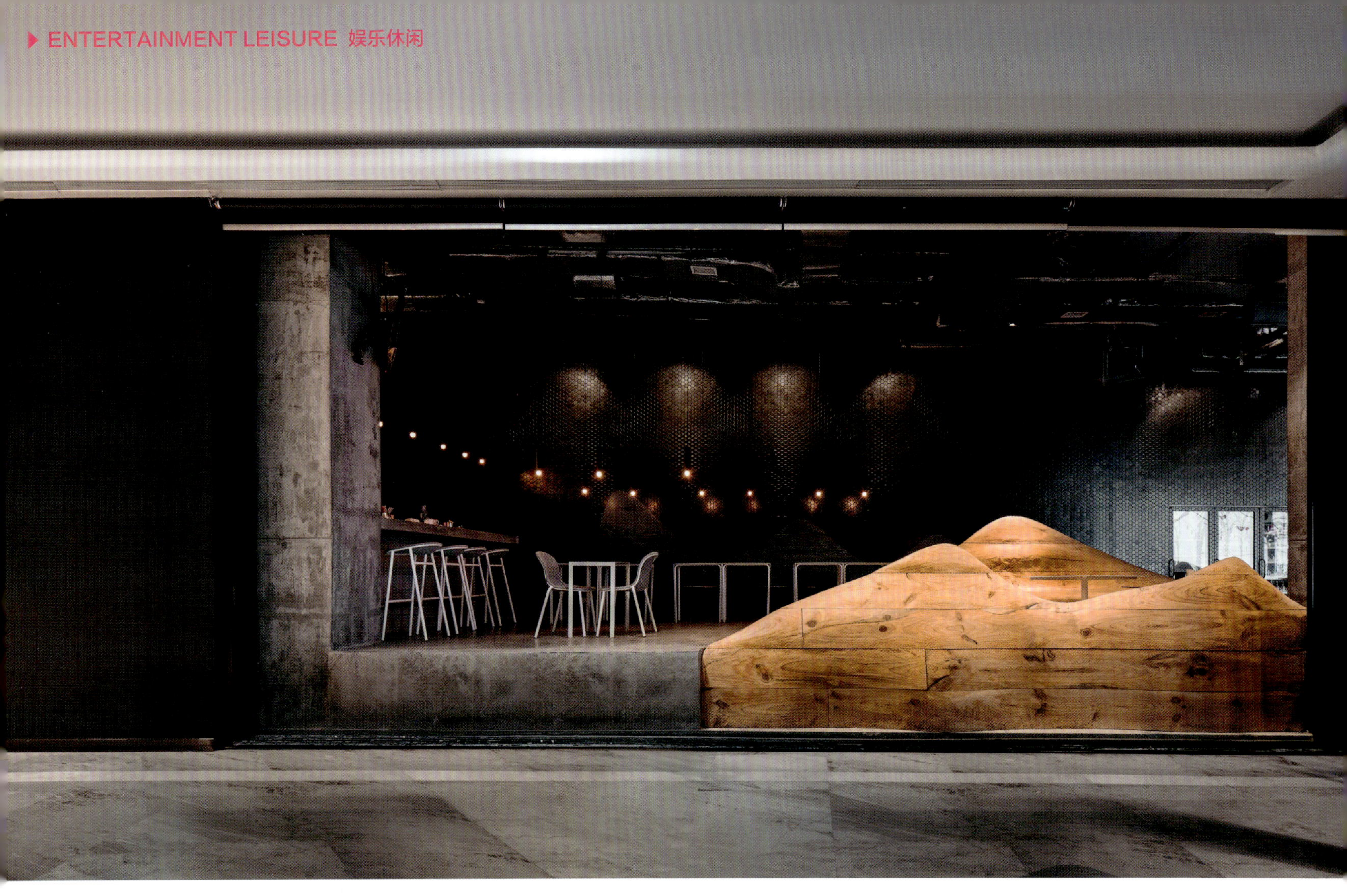

反多米诺 02 号 - 木山

ANTI-DONIMO NO.2-THE WOOD HILL

设计单位：DAIPU ARCHITECTS
主创设计：戴璞
参与设计：龚澄莹、温世坤、曹慧、战宇、陈颖致
建筑面积：120 ㎡
主要材料：实木
坐落地点：重庆
完成时间：2018 年

大多数初到重庆的人，在面对如此独特又奇幻的城市地理空间时，有一种既兴奋又惋惜的感受。重庆新建建筑（商场、住宅、综合体等）都是近乎直接照搬中国其他一线城市建筑类型，原有的地形、景观，包括独特的城市气候都没有从建筑形式上得到回应和尊重。我们希望创造出一种与室外环境（包括远处的长江江景）相融合的室内氛围，让重庆喜爱啤酒的人可以来到这里，享受如同室外一样自由惬意的环境，同时在室内和室外都可以欣赏到渝中半岛美丽又独特的天际线。

我们在这个项目引入一套新的结构性语言，这个语言是对重庆独特山地空间的模拟。将原有受限制的空间地形化，整合进来更细微的家具尺度，这样的好处是，既放大了原有空间感，又将老重庆人，同时也是一个自然人在老街区里更放松的身体状态（或卧，或躺，或蹲，或依靠），重新引回到了现代生活的场景中。这套既可称作地形，也可称作景观，还可叫家具的设计，包含了对入口视线的引导，空间区域的划分，还包括了吧台的脚蹬，喝酒时可以用手摩挲的微型把件，以及大型的木质沙发等。整个造型采用纯实木电脑数控机床雕刻，从设计师的电脑到加工厂预制，最后在现场直接拼装，提高了造型的完成度，也大大节省了现场手工制作的时间。

1 | 2 / 3 | 4

1: 外观
2: 休息区
3: 面向室外美景的休息区
4: 自然材质随时间和季节的改变而呈现丰富的细节变化

1 | 3
2 |

1: 休息区，装置将受限的空间地形化
2: 作为啤酒吧台的装置
3: 人在装置中休憩

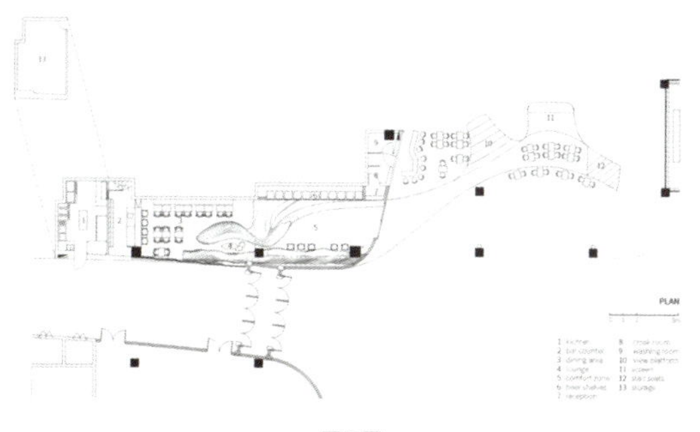

平面图

南京华侨城旅客接待中心

NANJING OCT TOURIST RECEPTION CENTRE

设计单位：上海乐尚装饰设计工程有限公司
建筑面积：1500 ㎡
主要材料：清水混凝土、木材、藤蔴
坐落地点：南京
完成时间：2017 年 11 月

南京华侨城坐落在古韵萦绕的栖霞区，西望栖霞山，北临长江。担纲其旅客接待中心室内设计的乐尚设计，沉醉于这样一片兼山水之胜的臻景，不忍打破这般宁静，抛却故有的欲望尘俗，造得一处可以聆听光线、享受宁静、编织梦幻的休憩之地，令空间获得自然的净化，回归本始。

咖啡区用极少主义的冷静节制，将空间与现实拉开距离，还原宁静的自然。淡雅的木色、纯净的嫩绿、百搭的灰度、沉稳的浅黑、舒适的米白、自然的牛皮色，是洁净而直截了当的美，是回归本始自然的呼声，是空间平淡纯粹的独特气质。简餐区上空，一根根柔软的藤蔴悬浮于半空中，如丰收的麦浪在秋风中律动着，荡漾着。其上方的灯具，宛若轻盈的蒲公英，在麦田里尽情飘舞。风化打造的山石、自然形成的山脉、岁月留痕的年轮在空间中肆意演绎，大面积使用的清水混凝土、朴实的木材还原自然的朴实。生命之色——沁心的绿让空间充满了活力，营造出了一个与自然同行的蓊郁憩所，在空间中发酵出舒缓闲逸、静定而又悠远的情愫。

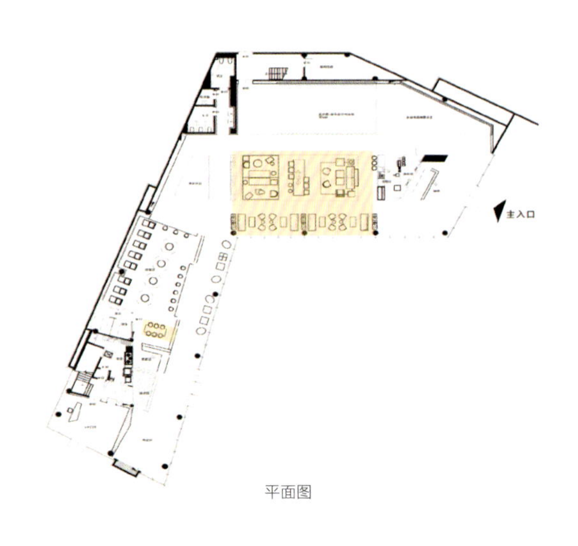

平面图

1 | 3
2 |
4

1: 接待台
2: 休闲区
3: 咖啡区
4: 咖啡区

1/2 | 3 | 4

1: 简餐区
2: 简餐区
3: 简餐区
4: 局部

畾 + 公寓

LEI APARTMENT

设计单位：安徽许建国建筑室内装饰设计有限公司
设 计 师：许建国
建筑面积：613 ㎡
主要材料：砖、原木、水泥板、钢板
坐落地点：安徽合肥
完成时间：2017 年 1 月

本案是一个休闲、住宿、餐饮、健身融为一体的青年公寓。设计手法采用自然元素，在材质与配饰上选用原木、钢板、绿植，营造出质朴自然的氛围。墙面的木饰面让人仿佛回归自然，柔和的灯光效果为空间增添一丝温暖，咖啡厅顶面采用玻璃形式，无论是自然光还是灯光通过空间和材质的良好契合产生了优质的空间效果。整个青年社区以北欧风格为主，以黑色、原木色、明黄色为主色调，同时在天花、楼梯、墙体等处大量使用原木、钢板材质，强调几何体块面的运用和大空间处理。

天然木材的中性颜色和巧妙搭配的金属增添了空间的温暖感。光的巧妙布置不仅照亮了用餐区，也在不经意间把商标展现在人们眼前，强化了品牌。空间本身的直白与简单毫不掩饰的展现出来，通过对青年社区本身功能需求的解读，将私密空间与开敞空间巧妙融合，赋予整个空间随意质朴的感觉，让每一位来到这里的人都可以像坐在自家的屋里温暖自在。

1 | 3
2 | 4 | 5

1: 接待区局部
2: 入口
3: 接待区
4: 休闲区局部
5: 健身房入口

ABSTRACT
BROCHURE

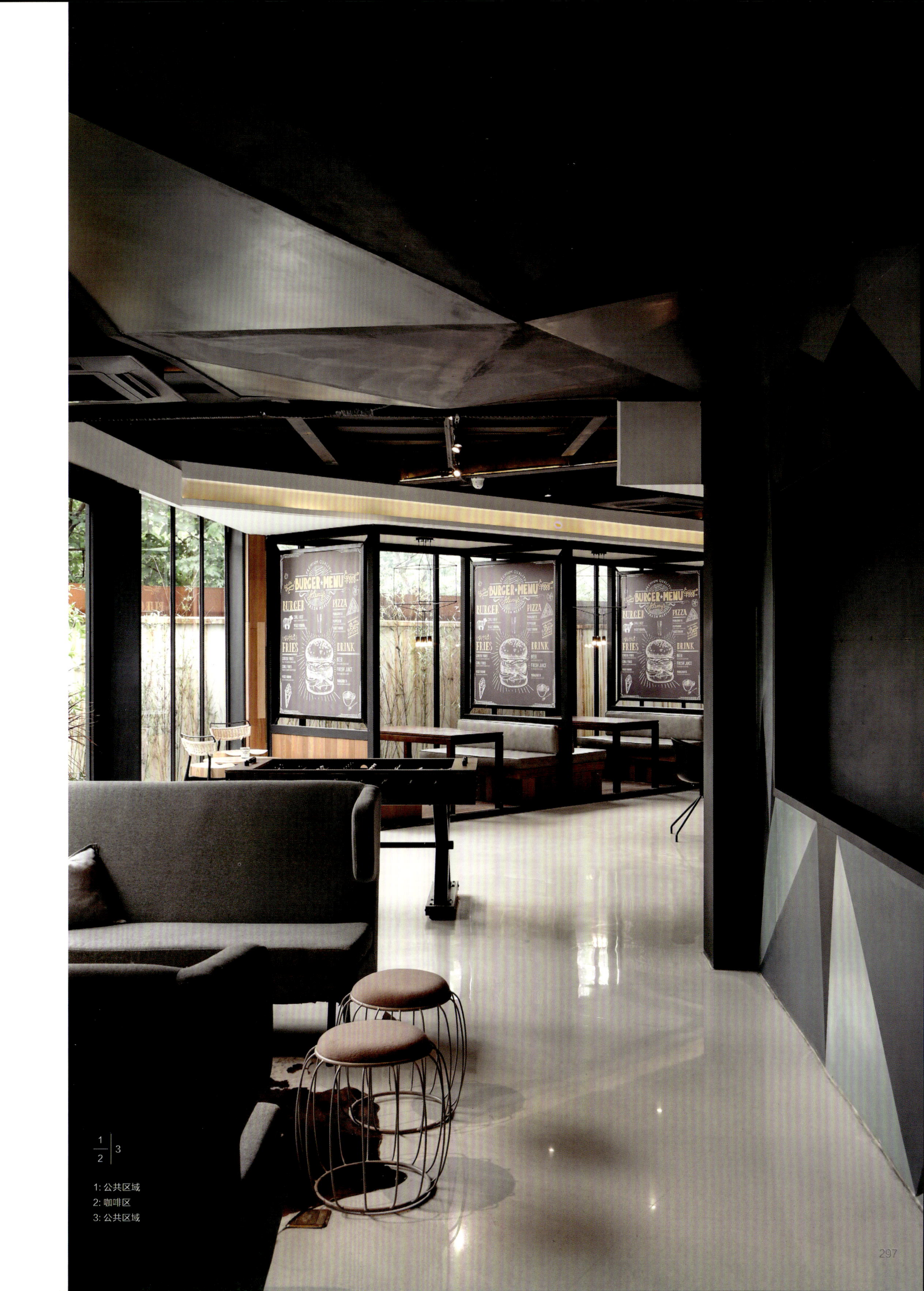

1: 公共区域
2: 咖啡区
3: 公共区域

阿那亚咖啡厅

ANAYA CAFE

设计单位：odd 设计事务所
设 计 师：冈本庆三、出口勉、张凤、黄业彪
建筑面积：290 ㎡
主要材料：铝镁锰矮立边屋面系统、马赛克、玻璃
坐落地点：河北
完成时间：2018 年 6 月
摄　　影：锐景摄影

1 | 2 | 3

1: 鸟瞰
2: 建筑外景
3: 建筑外景

这座具有流畅曲面状如大帽子的建筑位于河北阿那亚公园，意在沿黄金海岸线为该区域打造一个简单而美好的度假社区。由于海风，岸边形成了形状各异的沙丘，设计的灵感来源于温和的海风。对于一个休闲度假，让人身心愉悦之地，风是非常重要的一个自然元素。

柱网结构和立面的曲面玻璃产生不规则平面，使一部分柱子位于室外，一部分位于室内，中心形成一个内庭院。不规则平面，曲面屋顶，引人进入的屋顶高起部分，为下面遮阴的低矮之处，形成一个有趣而不单调的空间感受。另外，120 毫米厚的金属铝屋顶和极其通透的玻璃立面，创造了一幅轻盈如风的画面。宽阔的悬挑式屋顶如同一个巨大的遮阳伞，游客在公园里游玩后可在此处歇息放松。尽管室内面积只有 90 平方米，但四周通高的玻璃立面完全没有让使用者感到压抑。纯净明亮的空间内，每一个瞬间光影的变化都带给使用者不一样的感受。夜晚，在灯光衬托下，曲面屋顶分外明显，如同飘浮在风中一般。

1 | 3
2 | 4

1: 室内入口
2: 中庭
3: 室内
4: 吧台

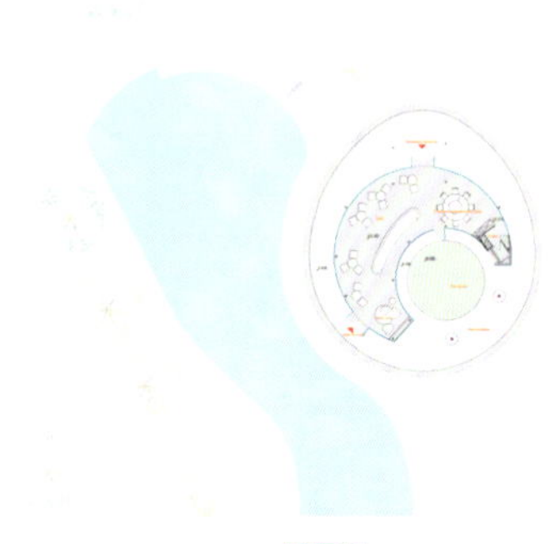

平面图

瓦库 17 号

WAKU NO.17

设计单位：余平工作室
主创设计：余平
参与设计：马喆、郭亚晨、韩晓燕
建筑面积：1320 ㎡
主要材料：陶砖、旧木、旧瓦、旧砖、水泥、涂料
坐落地点：河南郑州
完成时间：2017 年 5 月
摄　　影：金啸文

瓦库 17 号是“瓦库”系列最新作品，坐落于郑州郑东新区海汇商业街区 4 层。设计选用旧瓦、旧砖、旧木、纯棉布料等有生命属性的材料，以“瓦”为主题，在瓦的形式表达上挖掘它的一切可能性。去掉装修式语言，不吊顶、无踢脚线、无门窗套、无消防栓门，彻底避免物料开裂问题，运用踪迹美学，跨越时间，让室内获得“长寿”。将室内墙体上的锐角塑成圆角，尽可能用建筑语言来表达，实用、经济、简约。呈现原建筑本真的空间尺度与优良的质感基因。每个空间都有方便开启的窗户，让阳光照进，让空气流通，使用吊风扇，吐故纳新，提高空气质量。项目投入使用以来得到投资人及消费者的高度认可。

1 | 2

1: 户外入口
2: 阳光厅

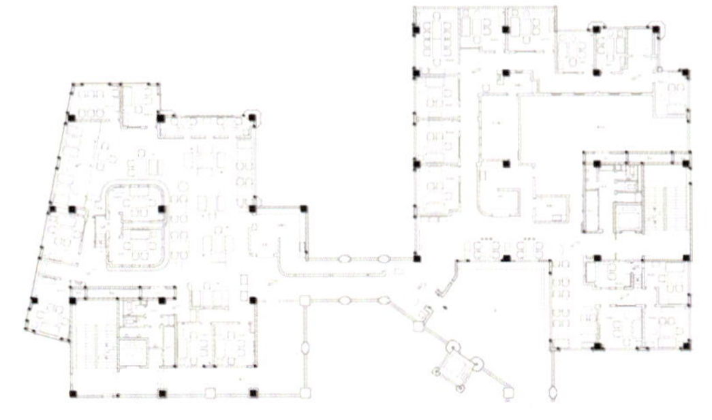

平面图

1 | 3
2 | 4 | 5 | 6

1: 被抬高的包间
2: 散座区
3: 书写诗文的瓦
4: 古民居图片对话空间
5: 走道墙面
6: 瓦与茶

AOYAMA 美容中心

AOYAMA BEAUTY SALON

设计单位：肯思 GAZER 设计事务所
设 计 师：邬逸冬
建筑面积：300 ㎡
主要材料：水磨石、GRC、实木复合地板
坐落地点：杭州
完成时间：2018 年 2 月
摄　　影：稳摄影工作室

1/2 | 3 | 4

1: 入口
2: 接待厅
3: 过道
4: 美甲工作室入口

美，来于自信，无须艳丽妆容华美外衣，自内心而发，便会裙摆飞扬。于是将 AOYAMA 美容中心设计定位为素雅空间内体现一种柔美自信的张力。

进门处双弧形设置，增强代入感。弧形玻璃配以点阵图案，在视觉上制造动态。椭圆形前厅内，利用黑色高光软膜营造压迫感的表皮，视为释放前的序曲。进入主厅，首先展现的是由上百根光纤线构成的美甲区，辅以仪式感的主宾位，将原本枯燥的美甲过程以梦幻的氛围呈现。美容区通道部分没有采用传统顶部照明，以设计主题结合 GRC 在原本呆板墙面上塑造出裙摆飞扬的曲线，利用底部漫反射光源使空间升腾出轻柔感。壁面粉色壁灯进一步增加光线层次，同时亦是各包间导视符号。美容包间以三种规格白色瓷砖区隔上下两个段落，下部通过凸起墙面造型取消了踢脚线，增设了地面回光，与门等高的上部横向线条在视觉上扩容，内置灯光折射于墙面，使空间氛围恬静柔美，同时更好避免了工作过程中产生的光照阴影。

平面图

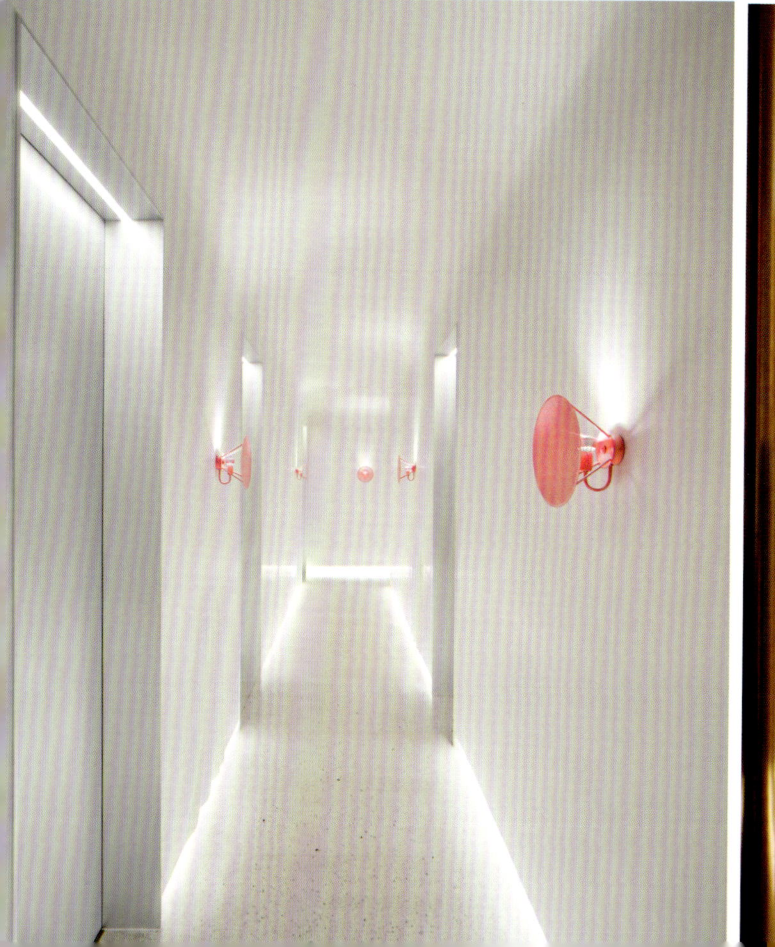

1 | 2 / 3

1: 美甲工作室
2: 美容工作室
3: 美容工作室

奢野一宅

DELIGHT IN THE WILD

设计单位：温州大墨空间设计有限公司
设 计 师：宋毅
建筑面积：400 ㎡
主要材料：乳胶漆、老木板
坐落地点：浙江莫干山
完成时间：2018 年
摄　　影：宋毅

环境之于建筑，建筑之于环境，成为本案设计的两条主线。漫山遍野的绿，是本案给我们最为深刻的震撼。我们不忍强行揉捏多余的色彩进入这个画面，梦想中的白墙青瓦，墙角倔强的爬藤，没有矫情做作设计手法，期望一切融入大自然给予我们的美。打开传统民宅形式上的禁锢，大幅引入周边的美景，成为室内一幅幅天然配画。此案虽不及烟雨江南之意境，却有一番别样的青山绿水，使之最终，我们无愧于自然。

1 | 2 / 3

1: 户外泳池
2: 公共休闲区
3: 户外美景引入室内

1: 公共休闲区
2: 客厅局部
3: 客房
4: 卫浴间
5: 卧室
6: 空间局部

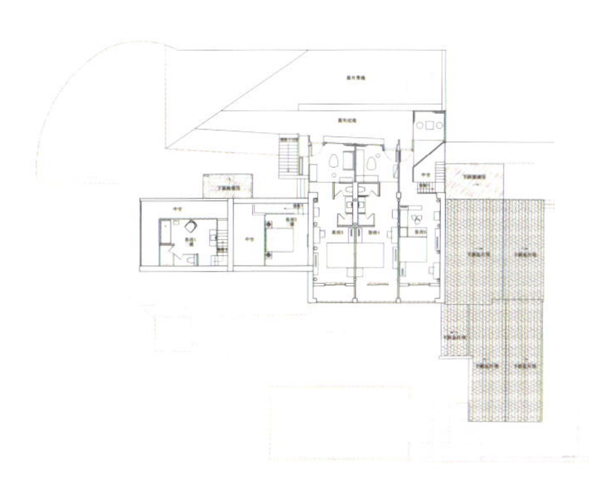

二层平面图

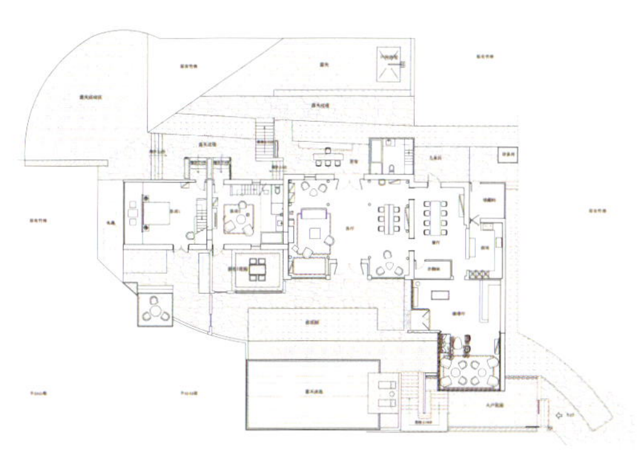

一层平面图

知丘茶食山房

ZHILL TEAHOUSE

设计单位：TRD 中合深美
设计团队：肖立、邱筱天、陈永健、林昱彤
建筑面积：700 m²
主要材料：枫木、纸、玻璃、黑色食材
坐落地点：山东济南
完成时间：2017 年 6 月
摄　　影：金啸文

1 | 3
2 |

1: 公共区域
2: 包厢过道
3: 茶区

知丘茶食山房，隐于济南护城河畔，从这里漫步几分钟可到达趵突泉、黑虎泉、泉城广场、大明湖。知丘一词，出自《史记 · 孔子世家》，“孔子曰：后世知丘者以《春秋》”。以此为名，既是向中国文化致敬，也是表达情系一山一水一圣人，更重要的是有朋自远方来不亦乐乎。放眼望去，这里是最有味道的济南，室内要造景，与良辰美景呼应，风景是自然的艺术，艺术是人造的风景，我们要营造一个独立安静的小世界。

造景艺术的极致是切近人心，它不用纸笔，又胜似笔墨，无时无刻无处都在与心灵对话。在繁华城市中，体悟山水的乐趣，在灯火阑珊处，顿悟生活的诗意，在金戈铁马的梦里，醒悟三杯两盏淡酒。就像济南这座城市的天然性格，豪放一面辛弃疾，婉约一面李清照。整体空间设计，取法东方园林意境，利用简约、朴素、安静、小面积庭园，加强与建筑关系，让两者互相渗透、延伸。窗外车水马龙红尘万卷，室内看山还是山，木质的温良恭俭与“心水”的禅意，历经风雨霜雪，不减其韵，回归平和与情趣。

1 | 3
2 | 4

1: 茶区
2: 大包厢
3: 小包厢
4: 小包厢局部

蓝城 · 听蓝茶空间

TING LANG TEAHOUSE

设计单位：idG · 意内雅空间设计
主创设计：朱晓鸣、裘林杰
参与设计：刘火明、史懿清
建筑面积：3000 ㎡
主要材料：大理石、胡桃木、橡木、岩板、木纹防火板
坐落地点：浙江杭州
完成时间：2018 年 6 月
摄　　影：ingallery 丛林

本案设计是对原工厂建筑空间的再设计，综合经营定位与来访客群需求，把原建筑的散落状态通过加建让空间相联系，通过一山一水微景观分隔设置为茶博、茶体验、茶疗三个区域。

前奏部分为茶博展示区，通过对原建筑纵向挖空与抽离，形成一条行径中小道，上下视觉通达，在视觉轴线两侧错落有致微聚着不同种类茶品，通过不同主题来综合展示茶集合店所散发出的当代茶文化聚合展示的多样性。在空间的起势部分带入了茶史时间轴的概念，以“观”与“触”的方式更深入感知茶文化起源到近代茶文化的发展。

茶体验区设在核心区域，在对茶有了初步印象后，“听、闻、品、嗅”则是这一篇章所追求的部分。在整个中轴线中，分为上下两部分，一层空间设置为开放部分，面向量化的客户群体进行茶体验，二楼为私密客群，所以设置了和而不同的七大主题琴、棋、书、画、诗、酒、茶品茶包厢，以不同主题映射不同的饮茶方式。通过对宋代文化如《撵茶图》中庭外用茶的仪式感作为主创原型，进行当代化的演绎，来表达当代茶人对既有传统文化印记的延续，又对具有东方茶空间舒适度的空间体验的塑造。运用空间与精神双重借景方式，让空间上内外相通，让室外景观延续，又让来访者心神交互，升华成精神的融合。八角窗作为贯穿整个空间的设计元素，一楼的通透与二楼的隐秘来喻指打开窗时的外向型的交往与关起窗时隐秀，让不同性格的茶人能寻得合适的品茶方式。横向轴线两侧的空间亦如流水码头，以叶为舟，踏上汀步，落座于茶台前便可由倒茶人渡下你的消沉，涤尘修身，在八角窗上点一盏香，沁不止俩人。

以茶疗空间作为篇章的收尾，开门见山即是让人震撼的大茶库，摆放着不同养生茶器，取古代药房之意来迎合把脉用茶的意境，让来访者以茶善礼，善心恒定，利人善我，器净水甘。

1	3
2	4

1：门厅外近景
2：品茗区八角窗
3：门厅
4：一楼品茗区

1	4
2 | 3	5

1: 主题品茗区
2: 品茗区小景
3: 二楼包厢
4: 二楼展示区
5: 一楼展示区

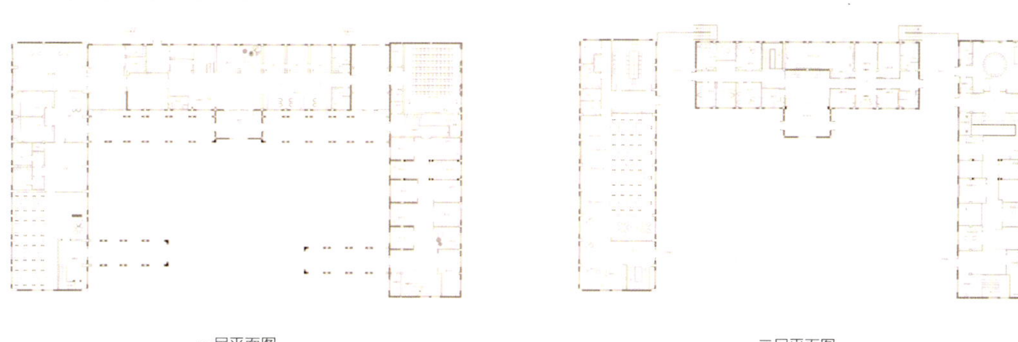

一层平面图　　二层平面图

艾迪尔建筑装饰

艾迪尔建筑装饰工程股份有限公司成立于1995年，公司拥有一支技术精湛、高效务实且兼具专业化、国际化背景的设计营建团队。艾迪尔擅长商务办公及商业地产项目的设计和营建，以及存量建筑改造再利用。

邦邦

深圳市布鲁盟室内设计有限公司创始人 / 创意总监。

B.L.U.E. 建筑设计事务所

B.L.U.E. 建筑设计事务所成立于2014年，由日本建筑师青山周平（左）与藤井洋子（右）共同创建于北京，是一所面向建筑以及建筑室内设计方向，充满年轻活力的国际化建筑事务所。

毕路德公司

毕路德由杜昀先生和刘红蕾女士于2001年共同创立。“始于简单，止于至善”，源于对“至善和谐”理念的共同追求，创办以来，毕路德创作出一系列情、景、境相融合的设计精品。

CCD 香港郑中设计事务所

CCD 香港郑中设计事务所专业为国际品牌酒店提供室内设计及顾问服务；为全球客户提供综合的一体化设计服务和方案，以前沿的设计理念、最新的技术工艺及独一无二的产品形象等提升服务项目的产业价值。

曹群

安徽松果装饰设计顾问有限公司设计总监。

陈武

深圳市新冶组设计顾问有限公司 / 创始人；深圳大学客座教授；广州大学建筑设计研究学院第八所副所长兼客座教授。

陈熙

黄山山水间微酒店创办人；和同设计顾问公司创办人。

陈显贵

UI（优艾）创始人 / 设计总监；上海八maker室内设计创始人。

出口 勉、冈本 庆三

出口 勉（左）
1981年出生于日本埼玉县，武藏野美术大学建筑学硕士；2012年创立 odd 设计事务所。
冈本 庆三（右）
1980年出生于日本静冈县，荷兰代尔夫特工业大学城市规划设计硕士；2012年创立 odd 设计事务所。

崔树

CUN 寸 DESIGN 寸品牌创始人 / 设计总监；中国设计星执行导师。

戴璞

DAIPU ARCHITECTS
创始人 / 主持建筑师。

Edward Tan、Kyan Foo

Edward Tan（左）
SPACEMEN 联合创始人 / 设计总监。
Kyan Foo（右）
SPACEMEN 联合创始人 / 设计总监。

方信原

2003 年成立玮奕国际设计事务所，为让设计理念能多方延伸发展，于 2009 年设立 Newspaper 为设计品牌。

方国溪、曾灿芳

方国溪（左）
厦门辉煌装修工程公司副总经理 / 设计总监；厦门方式设计机构创始人。
曾灿芳（右）
中国室内高级设计师。

冯宇彦

广州汇祺建筑装饰设计工程有限公司董事 / 设计总监。

葛亚曦

2007 年创立 LSDCASA；深圳市室内设计协会轮值会长；SIID 深圳室内建筑设计行业协会副会长。

广州共生形态

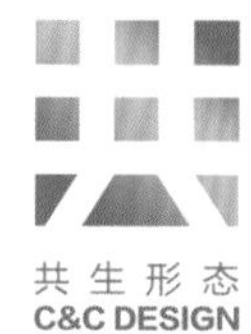

广州共生形态工程设计有限公司成立于 2005 年，公司核心团队由知名设计师彭征先生以及 60 多名优秀职业设计师组成，设计业务涵盖酒店、商业、地产、办公等领域，为客户提供建筑室内到软装陈设一站式服务。

葛晓彪

金元门设计公司创始人 / 艺术总监。

郭海兵

亿品中国董事 / 副总经理。

何永明

广州道胜设计公司创办人 / 设计总监；广东省陈设艺术协会副会长，中国建筑学会室内设计分会第九专业委员会副会长。

黄全

集艾室内设计（上海）有限公司设计总监。

韩文强

中央美院建筑学院副教授；建筑营设计工作室创始人。

何华武

福建共和时代装饰设计有限公司创始人 / 总设计师；华伍德设计咨询（福建）有限公司董事 / 合伙人。

洪忠轩

香港 HHD 假日东方国际设计机构总设计师；深圳市室内设计师协会会长。

姜峰

J&A 杰恩设计董事长 / 总设计师；创基金首任理事长；中国室内装饰协会设计委副主任；中国建筑学会室内设计分会常务理事；中国建筑装饰协会设计委副主任；先后受聘于天津美院、四川美院、鲁迅美院、深圳大学、北京建筑大学等高校，担任客座教授或研究生导师。

姜晓林

毕业于中央美术学院建筑学院；共向设计创始人 / 设计总监。

金选民

室内设计师；摄影家 / 艺术家。

琚宾

创基金理事；水平线设计品牌创始人。

蒋国兴

叙品空间设计有限公司董事长；苏州地区装饰设计行业协会副会长。

李益中

李益中空间设计创始人；都市上逸住宅设计创始人；深圳大学艺术学院客座教授；中国建筑学会理事。

李道德

dEEP Architects 创始人 / 主持建筑师。

李静敏

台湾仆人建筑空间整合主持设计师。

李骏、何飙

李骏（左）
重庆大学建筑城规学院建筑系教师；重庆悦集建筑设计事务所合伙人。
何飙（右）
重庆悦集建筑设计事务所合伙人。

李肯

台湾由里室内设计专案设计师。

李帅

北京李帅室内设计工作室设计总监。

李想

2011 年创立唯想建筑设计（上海）有限公司；唯想国际创始人 / 董事长 / 创意总监。

连自成

大观自成国际空间设计公司设计总监；大观茂悦国际装饰设计公司设计总监。

梁建国、蔡文齐

梁建国（右）、蔡文齐（左）
制造 · 中创始人，20 世纪 80 年代与合伙人一起创建集美组，公司涉及项目包括高端酒店、会所餐饮、特色样板间，以及文化类、商业类空间等。

梁景华

DR. PATRICK LEUNG P A L DESIGN GROUP 创办人 / 首席设计师；香港贸易发展局基建发展服务咨询委员；美国林肯大学荣誉人文学博士；创基金始创理事。

梁永钊

DOMANI 东仓建设设计总监。

梁智德

广州本则设计有限公司创始人 / 首席设计总监。

林卫平

林卫平设计师事务所总经理 / 设计总监。

林文格

文格空间设计品牌创始人 / 创意总监；溪山行旅文创发展创始人 /CEO；中央美术学院建筑学院、清华大学美术学院实践导师；中国美术学院创业导师；深圳大学设计学院客座教授。

凌子达

出生于台湾高雄，毕业于台湾逢甲大学建筑系，2001 年到上海发展，并成立了达观国际建筑室内设计事务所，致力于建筑室内空间设计领域。

刘飞、路明

武汉后象设计师事务所合伙人。

刘家耀

广州名艺佳装饰设计有限公司主案设计师。

刘恺

RIGI 睿集设计创始人；潮牌 L-HOUSE 主理人；东华大学校外研究生导师。

刘靓

深圳范创意董事 / 设计总监。

刘卫军

PINKI 品牌创始人 / PINKI DESIGN 创意总监。

刘阳

2012 年创立大料建筑任主持建筑师。

罗伟

大伟室内设计（北京）有限公司创始人 / 设计总监。

吕邵苍

云隐系创始人 / 产品总设；观策文创创始人；吕邵苍酒店设计事务所总设计师。

吕永中

中国建筑学会室内设计分会副理事长；吕永中设计事务所主持设计师；半木品牌创始人 / 设计总监。

赖旭东

高等教育室内设计专业副教授；中国建筑学会室内设计学会副理事长；重庆年代营创室内设计有限公司设计总监；深圳市建筑装饰集团西南地区设计总监。

乐尚设计

LESTYLE
樂尚設計

上海乐尚设计成立于 2004 年，是集室内设计和软装设计于一体的全案室内设计机构，为全球高端地产和商业公司提供针对酒店、会所、办公商业、销售中心、样板房及精装住宅的专业设计服务。

李凡

东厢营造设计顾问机构主持人；CIID 45 专委会副主任。

李楠

上海海华设计公司设计总监。

李睿

观酌香港艺术顾问机构首席顾问。

李一

李一空间设计事务所设计总监。

利旭恒

古鲁奇公司设计总监 / 创办人。

连志明

北京意地筑作室内建筑设计事务所创始人；大然设计品牌创始人；中央美院家居产品设计系实践课导师。

林伟而

香港思联建筑设计有限公司（CL3）创办人 / 董事总经理；毕业于美国康内尔大学建筑系。

廖奕权

PplusP Designers Ltd. 创意及执行总监；廖奕权设计师事务所（深圳）有限公司创意及执行总监；Liu Concept Inc. Ltd. 创意及执行总监；香港欧德普有限公司设计合伙人。

林城、黎雪飞、黄学坚

林城（左）
深圳市序向室内设计有限公司执行总监。
黎雪飞（中）
深圳市序向室内设计有限公司设计总监。
黄学坚（右）
深圳市序向室内设计有限公司陈设总监。

林琮然

CROX 阔合国际有限公司总监；本泽建筑设计（上海）创办人。

林青华

深圳市挚中室内设计顾问有限公司创办人 / 设计总监。

毛明镜

上海牧笛室内设计有限公司执行董事 / 合伙人。

木君建筑

木君建筑设计咨询（上海）有限公司是一家位于上海的多领域设计事务所。木君建筑由徐仪君女士和桥义先生于 2010 年成立，在国内外获得过诸多奖项。

内建筑

内建築
Interior Architecture Design

以孙云和沈雷为核心的内建筑设计事务所自 2004 年成立以来，以来自舞台设计和建筑设计的不同教育背景以及多年来不同领域的实践经验，让作品呈现出更加丰富多元的创作思维，建立起建筑与室内的一体性关系。

潘高峰

2009 年创立慧空间设计机构；杭州国美建筑设计研究院宁波分院院长。

庞喜

喜舍创始人；喜研 Life 品牌顾问；庞喜设计顾问有限公司设计总监。

朴居空间设计研究室

朴居空间设计研究室 2015 年创立于上海；提供建筑、室内空间、平面等方面服务，力求在某一空间环境中运用设计（规划 / 空间 / 材质 / 光）实现不同空间功能的表达及设计思想的初衷。

普罗建筑

普罗建筑是一个跨尺度与无边界的设计研究团体，由常可、李汶翰创立于北京，并于 2017 年设立上海分公司，从策划、规划、建筑、景观、室内空间到家具、产品、标示系统、施工咨询服务。

秦岳明

深圳朗联设计顾问有限公司设计总监；深圳大学艺术学院客座教授；深圳市室内建筑设计行业协会 SIID 副会长；同时还被清华美院、同济大学、中央美院等五所高等院校聘为实践导师。

邱春瑞

台湾大易国际设计事业有限公司创始人 / 总设计师；邱春瑞设计师事务所创始人 / 总设计师。

RWD 黄志达设计师有限公司

RWD 创立于 1996 年，拥有近 200 人资深设计团队；RWD 以室内设计为核心，延伸至环境规划、建筑设计、市场定位策划、EPCM、陈设艺术等全面服务。

如恩设计研究所

郭锡恩先生和胡如珊女士共同创立了如恩设计研究室（NERI&HU），一家立足于中国上海，在英国伦敦设有分办公室的多元化建筑设计公司。

上海禾易设计

上海禾易建筑设计有限公司 / 上海禾易室内设计有限公司是一家以室内设计为主业的专业公司，兼顾前期策划咨询和建筑、景观、艺术等全过程设计及控制。

宋毅

温州大墨空间设计有限公司高级主案。

孙传进

无锡市未视加空间设计有限公司创意总监。

孙浩晨、张雷

孙浩晨和张雷先生 2015 年共同创立目心设计研究室，是一家立足于中国上海的多元化建筑设计事务所，提供国际化的建筑、室内、平面及产品设计服务。

孙洪涛

孙文设计事务所设计总监。

孙建亚

上海亚邑室内设计有限公司创办人 / 设计总监；上海飞邑空间设计有限公司创办人 / 设计总监。

孙天文

上海黑泡泡建筑装饰设计工程有限公司总设计师；江南大学客座教授；吉林建筑大学客座教授；东北师范大学美术学院艺术设计领域艺术硕士专业学位研究生导师。

宋小超、王克明

宋小超（左）王克明（右）
MONOARCHI 度向建筑联合创始人。
MONOARCHI 度向建筑是一家活跃于设计领域的建筑设计事务所，公司创始于荷兰鹿特丹。

孙黎明

上瑞元筑设计有限公司创始合伙人 / 纽约事务所总监；江南大学设计硕士研究生实践指导教师。

唐忠汉

台湾近境制作设计总监。

陶磊

TAOA 建筑事务所创始人；现同时任教于中央美术学院建筑学院。

汪骏

GM Design 设计总监；
Gspacecoworking 创始人。

王琛

正反设计公司设计总监。

王黑龙

黑龙设计品牌创始人 / 设计总监；深圳市室内建筑设计行业协会理事；深圳市室内设计师协会轮值会长。

王善祥

上海善祥建筑设计有限公司设计总监

邬逸冬

肯思 GAZER 设计事务所合伙人 / 设计总监。

吴滨

WS 世尊、无间设计创始人。

王鹏

Peng & Partners 鹏和朋友们设计公司创始人 / 设计总监 。

王砚晨、李向宁

王砚晨（左）
CLASSIC INTERNATIONAL DESIGN INC. 首席设计总监。
李向宁（右）
CLASSIC INTERNATIONAL DESIGN INC. 艺术总监。

谢天

中国美术学院副教授；中国美术学院国艺城市设计艺术研究院院长；中国美术学院风景建筑设计研究院室内设计院院长；浙江亚厦设计研究院院长。

谢英凯

汤物臣·肯文创意集团执行董事 / 设计总监；中国建筑学会室内设计分会理事会副理事长；广州美术学院建筑艺术设计学院客座教授。

徐晓华

室内建筑师；人文旅行家；黑十设计创始人，城市度假酒店概念践行者。

许建国

建国设计机构创始人 / 设计主持。

许牧川

广州维川建筑设计有限公司设计总监。

解方

2013 年创立 XCoD 与众设计，公司总经理 / 设计总监。

杨邦胜

YANG 设计集团创始人 / 总裁 / 创意总监；APHDA 亚太酒店设计协会副会长；中国建筑装饰协会设计委员会副主任。

杨星滨

一然设计公司创始人 / 设计总监。

姚康荣

杭州海天环境艺术设计有限公司设计总监。

殷艳明

深圳创域艺术设计有限公司董事长 / 设计总监；SIID 深圳市室内建筑设计行业协会副会长。

于丹鸿

重庆朗图室内设计工程公司创始人 / 设计总监。

余霖

DOMANI 东仓建设创始合伙人 / 创作总监；A&V 校和韦森创始人 / 创作总监；中国新生代代表性建筑与室内设计师。

余平

西安电子科技大学工业设计系教授；余平工作室创意总监；中国建筑学会室内设计分会副理事长。

于强

1999 年组建于强室内设计师事务所；深圳室内设计师协会第三届理事会轮值会长；中央美术学院、清华美术学院、天津美术学院等重点院校社会实践导师；深圳大学艺术设计学院客座教授。

曾建龙

GID 格瑞龙国际设计有限公司创始人 / 董事；新加坡 FW 国际设计中国区负责人；上海琅宿酒店投资管理公司董事 / 创始人；再生生活联合设计品牌创始人。

中合深美

中合深美总部位于北京，在深圳和杭州设有分公司，主要面向高端开发商和私人客户提供样板房、售楼处、会所、别墅项目的室内设计、软装设计及定制一体化服务。

朱晓鸣

idG 设计机构创始人；idG · 意内雅空间设计创意总监 / 执行董事；中国建筑学会室内分会全国理事 / 杭州室内设计学会会长。

张成喆

IADC 涞澳设计公司创始人 / 首席设计师；国际建筑协会 (ICU) 中国区常务理事。

张健

DIA 丹健国际合伙人。

张力

上海飞视装饰设计工程有限公司创始人 / 设计总监。

张宁

集美组设计机构总设计师 / 董事；中央美术学院城市设计学院课程教授。

张奇峰

张奇峰室内工作室设计总监。

赵睿

纬图设计创始人 / 设计总监。

中赫空间建筑设计

刘朝科（左）、单钱永（中）、施泉春（右）
中赫空间建筑设计工程有限公司致力于为追求高品质客户提供高品质设计及策划服务，倡导全程化的服务体系。

周静

深圳市派尚环境艺术设计有限公司执行董事 / 首席创意总监；CIID 中国建筑学会室内设计分会全国理事；SIID 深圳市室内建筑设计行业协会副会长；深圳室内设计师协会常务理事。

张健

观堂室内设计公司设计总监。

庄哲涌

庄哲涌设计事业有限公司设计总监。

钟凌

杜兹创作研究中心总经理、设计总监；法国巴黎拉维莱特建筑学院建筑学硕士。

主编
陈卫新

编委（排名不分先后）
陈耀光、陈南、高蓓、蒲仪军、孙天文、沈雷、叶铮、徐纺、范日桥、王厚然、周红

图书在版编目（CIP）数据

2018中国室内设计年鉴 / 陈卫新主编. — 沈阳：辽宁科学技术出版社，2018.11
ISBN 978-7-5591-0958-3

Ⅰ. ①2… Ⅱ. ①陈… Ⅲ. ①室内装饰设计－中国－2018－年鉴 Ⅳ. ①TU238-54

中国版本图书馆CIP数据核字(2018)第216874号

出版发行：辽宁科学技术出版社
（地址：沈阳市和平区十一纬路25号 邮编：110003）
印 刷 者：上海利丰雅高印刷有限公司
经 销 者：各地新华书店
幅面尺寸：230mm×300mm
印　　张：84
插　　页：8
字　　数：800千字
出版时间：2018年11月第1版
印刷时间：2018年11月第1次印刷
责任编辑：杜丙旭
封面设计：上加上设计
版式设计：红色源设计机构
责任校对：周 文

书　号：978-7-5591-0958-3
定　价：618.00元（1、2册）

联系电话：024-23284360
邮购热线：024-23284502
http://www.lnkj.com.cn